COURS

D'AGRICULTURE

COURS
D'AGRICULTURE

PAR

C. RICHEL

Officier d'académie

DEUXIÈME ÉDITION

PARIS

CH. DELAGRAVE ET Cie, LIBRAIRES-ÉDITEURS

58, RUE DES ÉCOLES, 58

1873

A

M. EDMOND TURQUET

ANCIEN MAGISTRAT

Député à l'Assemblée nationale

MEMBRE DU CONSEIL GÉNÉRAL DE L'AISNE

CHEVALIER DE LA LÉGION D'HONNEUR

OFFICIER D'ACADÉMIE

AFFECTION & DÉVOUEMENT

LETTRE DE M. E. TURQUET

A L'AUTEUR.

Paris, le 15 janvier 1873.

MONSIEUR,

Je vous remercie de m'avoir dédié votre cours d'agriculture que j'ai lu avec le plus vif intérêt.

Vous avez fait œuvre utile en écrivant cet ouvrage. Les volontaires d'un an, de la section de l'agriculture, y trouveront sobrement et très-clairement traitées toutes les questions du programme de leur examen.

Cette année, pour faciliter la première exécution de la loi, les examinateurs ont été partout très-indulgents. Mais il n'en sera plus ainsi dans l'avenir. Le bénéfice du volontariat d'un an, selon l'intention de *l'Assemblée nationale*, ne doit être accordé qu'aux jeunes gens qui justifieront d'une solide instruction théorique et pratique.

Tous ceux qui s'intéressent au développement de l'instruction dans nos campagnes et aux progrès de la culture propageront votre livre, je n'en doute pas.

Il figurera bientôt dans toutes les bibliothèques communales et quand les Ministres de l'Instruction publique et de la Guerre l'auront fait examiner, ils l'adopteront pour les bibliothèques scolaires et militaires.

Veuillez agréer, Monsieur, avec tous mes remerciements, l'assurance de mes meilleurs sentiments.

Edmond TURQUET.

EXTRAIT DU DÉCRET

RELATIF AUX ENGAGEMENTS CONDITIONNELS D'UN AN

régis par l'article 54 de la loi du 27 juillet 1872.

Article 1ᵉʳ. — Les jeunes gens qui demandent à contracter un engagement conditionnel d'un an, en vertu de l'article 54 de la loi du 27 juillet 1872, subissent deux épreuves successives devant des examinateurs, nommés par le Ministre de la guerre et choisis parmi des *Agriculteurs, Industriels et Commerçants*, ou des citoyens ayant exercé l'une de ces professions.

Art. 2. — La première épreuve consiste en une dictée écrite en français.

Art. 3. — La seconde épreuve est un examen oral public. Les candidats sont rangés à l'avance en trois séries, correspondant respectivement à l'agriculture, au commerce, à l'industrie.

Chacune de ces séries passe devant un examinateur différent.

Cet examen se compose de deux parties:

La 1ʳᵉ roule sur les matières composant les renseignements que le candidat a dû recevoir à l'École primaire.

La 2ᵉ porte spécialement sur les notions élémentaires et pratiques relatives à l'exercice même de la profession du candidat, suivant les indices du programme ci-annexé.

. . . . : . . . .

PROGRAMME :

Des examens professionnels, auxquels sont astreints les jeunes gens qui demandent à contracter un engagement d'un an, en vertu de l'article 54 de la loi du 27 juillet 1872.

(Annexe du décret du 31 octobre 1872.)

Chaque candidat sera interrogé sommairement selon sa profession et sa spécialité, d'après les indications générales qui suivent.

AGRICULTURE.

Natures diverses des terrains au point de vue de la culture. Engrais et amendement. Climat. Saison. Leur rapport avec la culture. Moyen d'utiliser les eaux ou de s'en préserver. Instruments et machines agricoles. Méthode et procédés de culture. Conservation des récoltes. Bestiaux et animaux domestiques. Comptabilité agricole. Débouchés des principaux produits agricoles de la région.

COMMERCE.

Marchandises qui font l'objet de la spécialité du candidat, leur provenance, leur emploi et leur prix de revient. Comptabilité et tenue des livres. Dénomination des livres de commerce. Principales opérations de commerce ou de banque. Formules usuelles du billet à ordre. De la lettre de change. Du mandat. Du chèque, etc. Significations des principaux termes de commerce ou de banque.

INDUSTRIE.

Caractère et propriété des matières premières ou matériaux, leur extraction, leur préparation, leur transformation ou leur emploi. Moteur, machines, instruments et outils dont le candidat fait habituellement usage. Procédés au moyen desquels il obtient les produits de son industrie agricole. Nature de ses produits.

Décret fixant les conditions de l'engagement.

Article 1er. — Tout Français qui veut contracter un engagement conditionnel d'un an pour servir dans l'armée de terre, doit :

1° Réunir les conditions indiquées par les paragraphes numérotés 2°, 4°, 5° et 6° de l'article 46 de la loi du 27 juillet 1872; (1)

2° Etre sain, robuste et bien constitué;

3° N'avoir pas concouru au tirage au sort;

4° N'être pas lié au service dans les armées de terre ou de mer;

5° Avoir, selon le corps où il servira, la taille fixée dans le tableau n° 1, joint au présent décret, et réunir les conditions d'aptitude énoncées dans ledit tableau;

6° Se trouver dans l'un des cas mentionnés par l'article 53 de la loi du 27 juillet 1872, ou avoir satisfait aux examens prévus par l'article 54; (2)

7 Avoir rempli les obligations résultant du premier alinéa de l'article 55. (3)

. . . .

---

(1) Art. 46. — 2° Avoir 18 ans accompli.

3° Savoir lire et écrire.

4° Jouir de ses droits civils.

5° N'être ni marié, ni veuf avec enfants.

6° Être porteur d'un certificat de bonnes vie et mœurs délivré par le maire de la commnne de son dernier domicile.

(2) Art. 53. — Sont admis à contracter dans les armées de terre des engagements conditionnels d'un an, les jeunes gens qui ont obtenu des diplômes de bacheliers, de fin d'études ou des brevets de capaci'é. Les élèves de l'école centrale — des arts et métiers — des beaux arts — du Conservatoire — des écoles nationales vétérinaires et d'agriculture — de l'école des mines — des ponts-et-chaussées — du génie maritime — des mineurs de St-Etienne.

(3) Art. 55. — L'engagé volontaire d'un an est habillé, monté, équipé et entretenu à ses frais.

Toutefois, le ministre de la guerre peut exempter de tout ou partie des obligations déterminées au paragraphe précédent les jeunes gens *qui ont donné dans leur examen des preuves de capacité*, et justifient dans les formes prescrites par le règlement, être dans l'impossibilité de subvenir aux frais résultant de ces obligations.

PIÈCES A PRODUIRE :

1° Demande au Préfet sur timbre, indiquant la réduction sollicitée;

2° Certificat du maire sur la situation de famille; conforme au modèle n° 9 annexé à l'instruction ministérielle du 1er décembre. (*Recueil de la Préfecture de 1872, page 357.*)

3° Relevé du rôle des contributions du postulant ou de sa famille;

4° Délibération du conseil municipal *provoquée par le Préfet*, établissant l'impossibilité, pour le postulant ou sa famille, de satisfaire aux obligations imposées par l'article 55 de la loi du 27 juillet 1872.

VERSEMENTS.

Art. 4. — Les jeunes gens versent, en exécution de l'article 55 de la loi du 27 juillet 1872, avant de contracter l'engagement conditionnel d'un an, une somme qui est fixée par le ministre.

Les versementssont reçus :

Dans le département de la Seine, à la direction générale de la Caisse des dépôts et consignations; dans les autres départements, chez les préposés de cette caisse (trésoriers-payeurs généraux et receveurs particuliers des finances).

Art. 5. — Ces versements donnent lieu, de la part des préposés de la caisse des dépôts et consignations, à l'établissement :

1° De récépissés ;

2° De déclarations de versement;

A la charge par les parties versantes de soumettre ces deux pièces, pour le département de la Seine, immédiatement au visa du contrôle placé près de la caisse des dépôts et consignations, et, pour les autres départements, dans les vingt-quatre heures de leur date, au visa du préfet.

Les récépissés de versement des engagés conditionnels qui ont été définitivement incorporés sont adressés au ministre de la guerre;

Art. 6. — Les sommes versées par les engagés ne sont plus remboursées dès que l'incorporation de ces engagés est devenue définitive.

Art. 7. — Les jeunes gens retenus sous les drapeaux en exécution du 3e alinéa de l'article 58 de la loi du 27 juillet 1872, ne sont pas tenus à un nouveau versement.

EXCEPTIONS.

Art. 8. — Les préfets prennent l'avis des conseils municipaux sur les demandes que peuvent former les jeunes gens indiqués à l'article 54 de la loi du 27 juillet 1872, pour être exemptés de tout ou partie des obligations déterminées au premier paragraphe de l'article 55.

Ils soumettent ces demandes à la commission permanente du conseil général, instituée par la loi du 10 août 1871.

FORMES DE L'ENGAGEMENT.

Art. 9. — Les engagements d'un an sont contractés au chef-lieu de département, devant l'officier de l'état civil.

La décision du ministre qui fixe le nombre des engagés d'un an admis en vertu de l'article 74 de la loi du 27 juillet 1872, détermine pour chaque département, les corps dans lesquels les engagés d'un an des diverses catégories seront reçus et le nombre d'hommes qui pourront être dirigés sur chaque corps.

LECTURE A LA MAIRIE.

Art. 11. — Avant la signature de l'acte, le maire donne lecture à l'engagé :

1° De l'article 1er du présent décret;

2° Des articles 7 et 56 de la loi du 27 juillet 1872;

3° Des articles 13 et 14 du décret du 30 novembre 1872 sur les engagements volontaires et les rengagements;

4° Du dernier paragraphe de l'article 3 dudit décret;

5º De l'acte d'engagement.

Les certificats et autres pièces produits par l'engagé resteront annexés à la minute de l'acte.

ARTICLES ADDITIONNELS.

Art. 12. — Les jeunes gens qui, par suite d'inaptitude au service militaire, n'ont pu, dans l'année qui précède le tirage au sort de leur classe, contracter l'engagement conditionnel d'un an, sont susceptibles, s'ils sont déclarés aptes au service par le conseil de révision, d'être admis aux mêmes avantages que les engagés conditionnels d'un an.

Art. 13. — Les engagés conditionnels d'un an, mentionnés à l'article 53 de la loi, qui ont obtenu l'autorisation de poursuivre les études de la Faculté ou des écoles auxquelles ils appartiennent, sont disponibles en cas de guerre.

TEMPS DU SERVICE ET DISPENSES.

Art. 14. — Les engagés conditionnels d'un an sont mis en route à la date fixée par le ministre.

Le temps qu'ils doivent passer dans le service actif ne court qu'à partir de cette date.

Ceux qui ne se rendent pas à leurs corps dans les délais prescrits seront poursuivis pour insoumission, et, en cas de condamnation, déchus des avantages réservés aux volontaires d'un an.

Art. 15. — Lorsque les engagés conditionnels d'un an ont accompli leur temps de service, ils sont envoyés en disponibilité dans leurs foyers.

Art. 16. — Les engagés conditionnels d'un an ne confèrent à leurs frères que la dispense prévue par le paragraphe numéroté 5ᵉ de l'article 17 de la loi du 27 juillet 1872 (1).

Fait à Versailles, le 1ᵉʳ décembre 1872.

TABLEAU

De la taille et des conditions spéciales pour l'admission dans les diverses armes.

Infanterie : 1ᵐ54.

Cavalerie : Cuirassiers et dragons, 1ᵐ68 ; chasseurs et hussards, 1ᵐ60. Savoir bien monter à cheval.

Artillerie : Batteries à pied et batteries montées ou à cheval, 1ᵐ64. Etre habitué à monter à cheval.

Train d'artillerie : 1ᵐ64. Etre habitué à monter à cheval ou à soigner les chevaux ou à conduire les voitures.

Génie : 1ᵐ54. Satisfaire à l'une des conditions suivantes : être admis à l'engagement en vertu de l'article 53 de la loi du 27 juillet 1872, ou être dessinateur, ou avoir été soit ouvrier, soit contre-maître dans des ateliers ou des chantiers de construction, ou avoir été employé soit dans le service de la télégraphie, soit dans le service des chemins de fer, au matériel, à la traction ou à la voie.

Equipages militaires : 1ᵐ64. Etre habitué à monter à cheval ou à soigner les chevaux ou à conduire les voitures.

Le ministre de la guerre,
E. DE CISSEY.

(1) Mort en activité de service, réformé ou admis à la retraite pour blessures reçues dans un service commandé.

PRÉFACE DE LA 1re ÉDITION.

De temps à autre il avait été d'usage jusqu'ici de parler de l'enseignement agricole. C'était un besoin pour tous ceux qui voulaient faire de la philanthropie, c'était un devoir pour tous ceux qui savent combien est préjudiciable à la société l'ignorance du cultivateur.

Dans nos écoles primaires, le fils d'un cultivateur, destiné sans doute à devenir plus tard clerc de notaire, pourrait vous parler de la Chine et du Japon, et vous dire en quelle année vivaient Evilmérodach et Saosduckeus, voire même Frédégonde et Chilpéric, mais il ignore souvent les premiers éléments de l'agriculture, il ne connaît rien sur la culture du froment, il sait que cette céréale sert à faire du pain, voilà tout.

Si vous visitez un collége, c'est encore bien pis. Les élèves sont généralement recrutés dans la classe des petits propriétaires ou dans celle des fonctionnaires qui, pour leur bonheur, n'eussent jamais dû quitter leurs champs. L'un se destine à l'armée, l'autre à une administration quelconque ; tous rêvent places et honneurs. Mais pas un ne se demande comment le gouvernement arrivera à réaliser ses projets. Ainsi l'on se prépare d'amères désillusions pour l'avenir !

Et ne vous avisez pas d'engager ces jeunes gens à retourner chez eux pour y améliorer leur patrimoine. Ils vous répondront que pour rien au monde ils ne voudraient s'enfouir à la campagne pour y mener l'existence des paysans.

Mais alors qui donc cultivera la terre ? Cette mission si importante doit elle être de plus en plus l'apanage de l'ignorance et de la pauvreté ? Tous à l'envi désertent les champs : Le fils du fermier, suivant la route qui lui est tracée par son propriétaire, veut aussi jouir de la faveur d'une instruction libérale ; il fera toutes ses études et il ira dans les grandes villes, foulant aux pieds le certain pour poursuivre l'inconnu.

C'est là, selon nous, un grand mal que l'on parviendrait à faire disparaître, en propageant par tous les moyens possibles le goût des travaux agricoles.

L'enseignement de l'agriculture ne se développera rapidement et ne deviendra en quelque sorte universel, qu'à partir du jour où il aura été sérieusement organisé dans nos écoles primaires.

Le gouvernement le comprendra, nous l'espérons, mais rien n'est fait sous ce rapport ; on est encore à se demander comment doit être donné cet enseignement. La pratique et l'exemple seraient sans contredit les plus puissants moyens de conviction ; mais comme ils se produisent, en fait d'agriculture, sur des points trop éloignés et trop rares, on ne peut les proposer que comme citations à l'appui d'un autre enseignement qu'il sera toujours facile de répandre largement par la lecture et la parole.

Les cultivateurs perdus dans le fond des campagnes, sont parfois imbus de préjugés et ennemis des innovations.

Il n'est pas facile de les détourner du chemin de la routine dans lequel ils semblent se complaire avec l'obstination d'un parti pris. Les livres peuvent devenir d'un grand secours à ces braves praticiens, et les engager à expérimenter certaines théories dont ils avaient jusque-là ignoré l'existence.

Les comices font sans doute les plus louables efforts et les plus généreuses tentatives, mais ils n'arriveront que lentement à obtenir autour d'eux de faibles résultats ; ils ont besoin de ces deux puissants appuis : Les livres pour l'âge mûr ; l'école pour l'enfance. C'est sur l'enfant qu'il faut agir d'abord ; profitons de son séjour dans l'école, car plus tard il ne sera plus temps. C'est de la génération qui s'élève qu'on doit principalement attendre le progrès et les améliorations.

. . . .

Semoir mécanique.

NOTIONS PRÉLIMINAIRES

Programme : — Tâche de l'agriculteur.— Domaine de l'agriculture. — Durée des végétaux. — Modes divers de reproduction.

L'Agriculture est, par excellence, une science d'observations et de localités.

Le bon agriculteur doit observer ce qui se passe autour de lui, juger les effets, en tirer les conséquences propres à le conduire à bonne voie, enfin poursuivre sans relâche le système qui doit, après de nombreuses recherches, le conduire au but. Mais s'il ne possède une solide instruction, il sera toujours exposé à voir ses efforts paralysés par la routine, ennemie du progrès.

Le domaine de l'Agriculture est vaste comme la nature elle-même ; elle embrasse toutes les sciences naturelles et comprend :

1° *L'Agriculture* proprement dite, ou la culture des champs.

2° *La Praticulture*, ou culture des prairies, qui s'occupe de la formation des prairies, du mélange des plantes herbacées qui doivent donner le meilleur foin, du dessèchement, des irrigations, et enfin, des amendements et engrais les plus propres à augmenter la fertilité de la prairie.

3° *La Silviculture*, ou culture des forêts, qui traite des moyens à employer pour tirer le parti le plus avantageux des essences forestières, de l'influence du sol et du climat sur la végétation des bois, de l'aménagement des taillis et des futaies.

4° *La Viniculture*, ou la culture de la vigne, ayant pour but la fabrication des vins.

5° *L'Arboriculture*, ou la culture des arbres dans les pépinières, les jardins et vergers, avec les divers modes de reproduction des arbres et arbustes, de leur multiplication, de la taille, de la greffe.

6° *La Sériciculture*, qui a pour but la culture du mûrier et l'élevage des vers à soie.

7° *L'Industrie rurale*, qui s'occupe principalement de subvenir aux besoins de l'exploitation agricole, et comprend la fabrication des instruments et leur entretien; la fabrication du beurre et du fromage ; la manipulation des engrais, la féculerie, la distillerie, la fabrication de l'huile, etc.

8° *L'Economie rurale,* qui est l'appréciation matérielle de toutes les opérations constituant l'agriculture.

9° *L'Horticulture*, ou la science des jardins.

La *Minéralogie*, la *Botanique*, la *Zoologie*, la *Chimie.* la *Physique*, toutes ces sciences si compliquées déjà par elles-mêmes, peuvent encore être considérées comme des subdivisions de l'Agriculture.

Rien ne vient de rien : la plante provient d'un germe ou semence recueilli sur un être semblable à la future plante : dans un simple gland se trouve le germe du chêne ; ce germe, gâté dans le sein de la terre ou même à sa surface, ne tarde pas à se gonfler sous l'influence de l'humidité ; il se développe et se nourrit de la substance qui l'entoure, et cherchant une issue favorable, il ne tarde pas à pousser de bas en haut. Si quelques obstacles se présentent, il en fera le tour, se pliera à tout, et finira toujours, à moins de circonstances défavorables, par arriver à jouir du bienfait de la lumière. Alors, de blanc qu'il était, il verdit, et voilà le commencement de la tige.

On distingue plusieurs espèces de tiges. Celles qui, comme dans l'arbre, sont serrées et remplies, portent le nom de *Tronc* ; celles qui, comme dans les céréales, sont creuses et nouées, sont appelées *Chaume*.

Quand une tige a la consistance du bois, on l'appelle *ligneuse* ; *fistuleuse* si elle est creuse intérieurement. Au contraire, lorsqu'elle est tendre et verte comme l'herbe, on la dit *herbacée* ; on la nomme encore *grimpante* si elle monte et s'attache aux murs et aux arbres ; *rampante*, si elle s'étend sur le sol ; et *traçante* quand ses jets s'enracinent comme dans le fraisier.

Les parties dont est formée la tige, sont bien plus difficiles à distinguer dans certains végétaux que dans d'autres.

Ainsi, dans les plantes herbacées, on ne les voit pas facilement, tandis que pour les arbres, on peut presque toujours les distinguer.

Les parties qui composent la texture du tronc sont :

1° La *moelle* et le *cœur au centre*.

2° *Le bois*, proprement dit, rempli longitudinalement d'une infinité de vaisseaux souvent imperceptibles, qui correspondent aux veines dans les animaux, et qui charrient la sève ou liquide destiné à entretenir la vie et la chaleur dans la plante.

3° *L'aubier*, qui n'est autre chose que l'écorce de l'année précédente.

4° *L'écorce*, ou enveloppe extérieure de la plante recouverte de l'*épiderme*, peau mince servant d'enveloppe générale.

Les végétaux se procurent les éléments de leur subsistance par la tige et les feuilles, qui remplissent dans cette circonstance un rôle très-important en absorbant par leurs *pores*, petits trous imperceptibles, les gaz nutritifs renfermés dans l'atmosphère.

Les feuilles sont les organes de la respiration ; à leur base se développent les *bourgeons* destinés à multiplier les diverses parties de la plante.

Viennent ensuite la *fleur*, comprenant, entourés par la corolle, les *pétales* et le calice ; le *pistil* surmonté du *stigmate*, qui contient les jeunes graines ; les *étamines*, dont le *pollen*, ou poussière fécondante, formera un *embryon* ou *germe*.

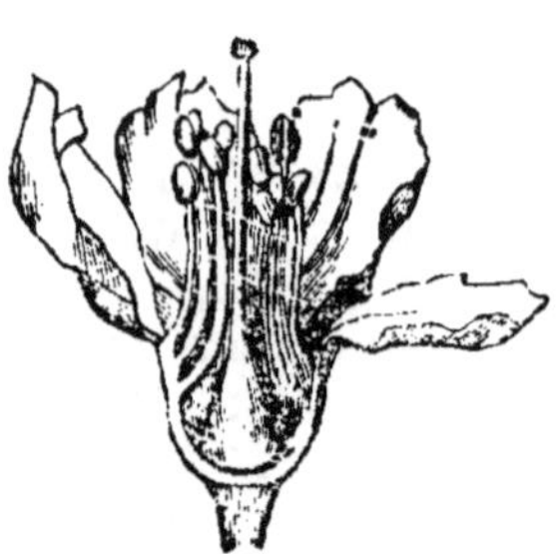

Fig. 1. — Fleur à étamines de
l'abricotier.

Fig. 2. — Fleur du géranium. — *c*, calice.—
p, pétales. —*s*, stigmates. —*e*, étamines.
— *o*, ovaire.

Le fruit n'est que la partie essentielle développée du pistil ; il contient la graine et se compose de l'*épisperme*, ou enveloppe de l'embryon dans lequel on reconnaît la *plantule*, portant, attachés après elle, les *cotylédons* qui sont des réservoirs de matière nutritive destinée à la plante.

Les plantes, dont l'embryon forme un seul cotylédon sont rangées dans une classe dite des *monocotylédonées* ; celles qui ont deux ou plusieurs cotylédons en forment une seconde appelée classe des *dicotylédonées* ; enfin celles dans lesquelles l'embryon n'offre pas de cotylédon et qui par conséquent n'ont ni fleurs ni graines, forment une troisième classe : celle des *acotylédonées*.

Pendant le développement, en dessus de la semence, il se passe au-dessous, et en sens contraire, un phénomène non moins important.

Une autre espèce de germe appelée *radicule*, part aussi du sein de la semence, et cherchant à s'enfoncer de plus en plus, se bifurque en une infinité de ramifications, qui se terminent par une espèce de petite éponge : c'est la *racine*, dont chaque fibre est terminée par la *spongiole*.

Cette racine porte différents noms selon sa forme ; elle est dite :

1° *Pivotante*, comme dans l'orme, la carotte, la betterave, le navet, le chou, etc.

2° *Fibreuse*, comme dans les céréales, la plupart des végétaux, le chêne, le rosier, etc.

3° *Bulbeuse*, quand par sa forme, elle se rapproche de l'oignon.

4° Enfin *Tubéreuse*, comme dans la pomme de terre, le dahlia, etc.

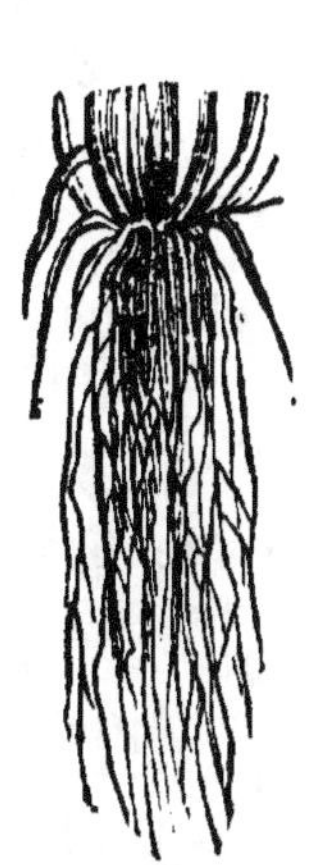

Fig. 3. — Racine fibreuse du *paturin*.

Fig. 4. — Racine et tige de la pomme de terre.

Sous le rapport de la durée, les racines sont annuelles, bisannuelles ou vivaces :

Elles sont *annuelles* quand elles périssent après avoir porté graine, comme le blé, la carotte, le navet, les choux.

Quand elles meurent après deux années d'existence, elles sont dites *bisannuelles*, comme le colza, la betterave, etc.

On les appelle *vivaces* quant elles vivent un nombre d'années indéterminé, comme la luzerne et la plupart des herbes des prairies.

C'est par la formation de la graine qu'une plante s'épuise et périt ; on peut donc rendre vivace une plante annuelle ; il suffit souvent de s'opposer à ce qu'elle mûrisse. Ainsi, on a fait vivre pendant quatre ans du colza en le coupant chaque année avant la floraison. Le trèfle qui porte graine meurt l'année même, tandis que celui qui est coupé vert peut vivre trois et même cinq ans.

Un grand nombre de plantes se propagent par graines que l'on sème dans un terrain préparé et à une époque convenable.

Il est essentiel de ne confier à la terre que la graine la plus parfaite de chaque espèce. Tout le monde sait qu'en semant un bon blé on récolte le double qu'en semant un blé de mauvaise qualité.

Il faut encore que la terre soit bien préparée et propre aux graines qu'on veut lui confier ; celles-ci doivent, en outre, être plus ou moins enterrées ; selon leur grosseur, elles restent plus ou moins longtemps à lever. Les unes mettent huit jours à montrer leurs cotylédons ; d'autres quinze, d'autres restent une année entière et même plus.

Les arbres, ainsi qu'un certain nombre de plantes, se propagent par *semis* ou par *boutures*.

Le choix des boutures exige quelque attention. On doit les prendre vigoureuses et sur des sujets forts et sains. Quand la branche a été détachée, on met en terre l'extrémité inférieure qui, bientôt, pousse des racines, tandis que sur la partie supérieure naissent des bourgeons, puis des feuilles, des fleurs et des fruits.

La bouture simple est celle qu'on fait avec une simple pousse de l'année précédente, détachée du végétal.

On nomme *crossettes* ou boutures à talon celles qui portent à leur base, outre la pousse de l'année, une portion du bois de l'année précédente, ce qui les fait ressembler à une petite crosse.

Le marcottage consiste à courber et à enfouir dans la terre une branche que l'on détache du végétal, lorsqu'elle-même a produit des racines.

Le marcottage de la vigne s'appelle *provignage*. Les provins ne sont que des marcottes de vigne ; on réserve sur chaque cep un nombre de sarments de bonne venue, puis, à la fin de l'hiver, on ouvre une fosse étroite au pied de chaque vieux cep ; on y couche le sarment et on le couvre de terre en laissant seulement deux bons yeux à l'air. L'année suivante le provin peut être sevré, c'est-à-dire détaché du pied-mère.

CHAPITRE Ier.

PROGRAMME : — Natures diverses des terrains au point de vue
de la culture. — Du sol et du sous-sol. — Terres argileuses. —
Calcaires. — Siliceuses. — De Bruyères. — Tourbeuses. — Degrés d'humidité du sol : terrains humides, — frais, — secs. — Ténacité du sol : terres fortes — de consistance moyenne et légère.

Chaque plante a pour ainsi dire un sol qui lui est
propre, et qu'il est indispensable de connaître si on veut
donner à chacune d'elles, la nourriture qui lui convient.

L'étude des différents sols est donc importante, mais
il est très-difficile de poser des règles certaines sur les
mélanges infinis qui entrent dans leur composition ; l'expérience, résultat de la pratique et de l'observation, peut
seule remplir le vide que laisse la science.

Le cultivateur doit se régler sur la nature de la terre
et ne pas prétendre qu'elle se règle sur lui ; par exemple,
il ne doit pas cultiver l'orge, là où doit croître l'avoine ;
le seigle, dans le sol propre au froment, etc. Mais au
contraire, il choisira toujours les récoltes les plus convenables à chaque terrain.

Nous allons passer en revue les principales espèces de
terrains, en indiquant leurs propriétés et leurs défauts,
ainsi que les moyens généralement employés pour les
rendre meilleurs et plus productifs.

Du sol et du sous-sol.

La terre est la principale machine que l'agriculture
met en œuvre pour arriver à la production. Donc, plus

cette machine sera parfaite, plus la production sera avantageuse, et moins elle nécessitera de dépenses.

La connaissance du sol peut indiquer au cultivateur quel capital il doit consacrer à son exploitation ; combien de têtes de bétail il doit entretenir ; quelles plantes il doit cultiver ; quelles améliorations il aura à entreprendre ; en un mot, quel système de culture et quelle manière de faire valoir il doit employer.

Les éléments qui composent ordinairement le sol, mélangés en différentes proportions sont :

L'argile,

Le calcaire,

La silice.

Le meilleur sol est celui où l'on trouve en quantités presque égales ces différentes matières mélangées à l'*humus* ou *engrais*.

L'art d'analyser les terres n'est pas à la portée d'un simple cultivateur. Les chimistes seuls peuvent indiquer la nature et les substances dont elles se composent.

On donne le nom de *sous-sol* à la couche placée immédiatement au-dessous de la terre arable, à celle qui est travaillée par les instruments aratoires.

Le sous-sol est *actif* ou *inerte*.

Actif, lorsqu'il n'est que la continuité de la couche de terre végétale, et que les racines le pénètrent facilement. *Inerte*, lorsque les racines ne peuvent y pénétrer.

Il peut être composé d'argile, de sable, de gravier, de calcaire ou marne, de cailloux et de rochers.

Si le sous-sol est argileux et épais, il exerce une grande influence sur la couche végétale ; si, au contraire, il est spongieux, il laisse traverser l'eau ; alors la couche végétale se dessèche, et la végétation souffre et languit.

Le défaut d'attention sur la nature du sol et du sous-sol a souvent donné lieu à beaucoup de tentatives ruineuses.

Généralement les fermiers, lorsqu'ils changent de ferme, sont trop disposés à transporter avec eux le système de culture auquel ils étaient accoutumés, sans examiner s'il est ou non applicable à leur nouvelle situation, et c'est là pour eux une source de nombreux mécomptes.

Nous allons examiner sommairement qu'elle peut être l'influence de la nature et de la composition des terrains sur le système de culture, et le mode qu'il convient d'employer pour leur exploitation.

DES TERRES ARGILEUSES.

On reconnaît les terres argileuses par la propriété qu'elles possèdent d'être compactes, grasses au toucher ; elles laissent difficilement pénétrer l'air et forment une pâte avec l'eau qu'elles retiennent parfois avec excès.

Les fossés d'écoulement, le drainage, la marne, les sables calcaires, les platras, les coquilles et surtout la chaux, sont toujours employés avec succès pour détruire les défauts de ces sortes de terrains.

Le fumier pailleux, chaud autant que possible, et non décomposé entièrement ; le fumier de cheval, de mouton et de colombier, le guano, produisent des effets plus remarquables encore.

Le froment et l'avoine peuvent être cultivés avec fruit dans les terres argileuses ; les prairies peuvent y donner du foin excellent et abondant. Le trèfle, la vesce, le pois gris, la betterave, la carotte, le colza et en général les végétaux à fortes racines peuvent y pousser vigoureusement.

Si le sol est fertile, les arbres fruitiers à pépin y réussissent bien ; toutefois, les bois des arbres qui y vivent sont tendres et généralement tardifs ; ils n'acquièrent jamais les propriétés de dureté et de finesse qui caractérisent les essences produites par les terres siliceuses.

Si le sous-sol est de nature argileuse, s'il repose sous une couche siliceuse et graveleuse, on doit opérer le mélange ; la première couche deviendra ainsi moins humide et moins froide.

Un sous-sol inerte, calcaire, peut aussi contribuer à corriger les défauts de la terre, si celle-ci n'est pas de même nature ; il peut encore exercer une très-grande influence sur les terrains siliceux et argileux, lorsque leur épaisseur n'est pas extraordinaire, en augmentant la cohésion pour les premiers et en rendant les seconds plus légers.

Quant aux sous-sols rocheux et pierreux, ils forment avec un sous-sol argileux, de mauvais terrains agricoles, surtout si la première couche n'a pas plus de 30 centimètres d'épaisseur.

Les terrains argileux sont parfois peu favorables à la vie des animaux : les plantes fourragères n'ayant point la qualité nutritive que l'on remarque dans les terrains moins compactes, surtout lorsque le fond est humide.

De plus, les plantes qui vivent sans cesse dans l'eau servent de refuge à une multitude d'êtres qui n'ont qu'une très-courte existence, mais qui, durant les grandes chaleurs, répandent, par leur décomposition dans l'air, des émanations capables de rendre les animaux maladifs.

Au sein de tels pâturages, les bêtes à laines contractent la pourriture. La race chevaline perd ses formes gracieuses ; sa tête devient lourde, son ventre volumineux, ses muscles ont moins de force ; la race bovine perd une partie de sa vigueur ; sa stature augmente, mais le sang est moins riche, et la viande diminue en qualité et en saveur.

TERRES CALCAIRES.

Les terres calcaires ou crayeuses ont les qualités et les défauts opposés à ceux des terres argileuses : elles se distinguent par leur couleur blanchâtre. Celles qui sont douces au toucher sont les plus mauvaises.

Elles absorbent et retiennent l'eau avec force pendant l'hiver ; sous l'action de l'humidité elles deviennent boueuses et s'attachent à tous les corps qui les touchent.

Les rayons du soleil les pénètrent difficilement, et la réverbération qui a lieu à cause de leur couleur blanche est souvent nuisible à la vie végétale ainsi qu'au bien-être des hommes et des animaux.

Ces terres décomposent les engrais avec une étonnante rapidité ; aussi, doit-on leur donner des fumures peu abondantes, mais fréquentes.

On doit les ensemencer de bonne heure et n'y exécuter que de légers labours, si on veut éviter le déchaussement des plantes.

On utilise avantageusement les terrains calcaires au moyen des prairies artificielles. La chicorée sauvage, la pimprenelle, les brômes, y forment d'excellents pâturages, quoiqu'ils y acquièrent peu d'élévation. Il en est de même du trèfle, de la luzerne, du sainfoin et des vesces.

Les céréales qui ont pu, avant les gelées, prendre une force organique très-remarquable sont celles qui résistent le mieux aux fâcheux effets du déchaussement ; le froment et l'orge sont de qualité supérieure dans ces sortes de terrains.

Les arbres qui réussissent le mieux dans le sol calcaire sont : le noyer, le cerisier, et surtout la vigne, de laquelle on tire des vins fins, légers et spiritueux.

Les arbres forestiers que l'on y rencontre le plus communément sont : l'orme, le merisier, le genévrier, l'érable, le sycomore, l'if, le faux ébénier, le cyprès, etc.

Les bêtes bovines, nourries dans les prairies artificielles de ces terrains, ont une belle stature ; leurs propriétés lactifères sont moins remarquables, mais le lait qu'elles donnent produit beaucoup de beurre. Les moutons y prospèrent toujours, et leur laine est d'une belle finesse. Si la race chevaline n'y acquiert pas la taille qui caractérise les chevaux des terres argileuses, elle y vit avec un tempéramment sanguin, et de la vivacité dans les allures.

TERRES SILICEUSES

Ces terres sont toujours friables et rudes au toucher; l'infiltration des eaux y a toujours lieu avec facilité et promptitude ; elles s'échauffent au printemps pour devenir brûlantes en été.

La vase des étangs, le limon des rivières, les marnes argileuses sont les seuls amendements qu'il faille employer pour les améliorer ; le noir animal, les calcaires, n'y produisent toujours qu'une fécondité factice.

Quant aux engrais proprement dits, ils doivent, pour produire de bons résultats, être riches, gras, décomposés. Les fumiers d'étable, de porc, de mouton, et les engrais végétaux qui conservent longtemps leur humidité conviennent surtout à ces terrains.

Les terres siliceuses sont très-propres à la culture du seigle, de la luzerne, des navets, de la pomme de terre, du sarrasin, du lin, des haricots, etc.

Les arbres à pépins, le bouleau, le châtaignier, le chêne, le pin, le peuplier blanc, le hêtre, y acquièrent une force de végétation remarquable.

Les prairies ne sont réellement productives dans les terres siliceuses, que si l'année a été humide ; les animaux qui y vivent sont en général de petite taille, mais ils sont agiles, vigoureux, sanguins et rustiques, parce que les herbes sont abondantes, peu humides et d'excellente qualité.

TERRES DE BRUYÈRES.

Ces terrains sont composés d'un mélange de sable fin, contenant du fer plus ou moins, et de débris de végétaux décomposés imparfaitement.

Ces terres manquent toujours de profondeur et de consistance ; leur couleur varie du brun noir au brun rouge, selon la quantité d'oxyde de fer qui concourt à les former.

On ne peut guère parvenir à les modifier au point d'en faire de bons sols cultivables, qu'en ayant recours à l'emploi des stimulants calcaires. La chaux a une puissante action sur ces terrains ; elle en modifie les propriétés nuisibles. La marne produit aussi d'excellents effets : par le marnage, le terreau perd de son acidité ; la terre acquiert plus de consistance et se dessèche plus difficilement.

Cependant, les terrains de Bruyères sont plus propres à être convertis en bois qu'en culture. Le bouleau, les pins, le châtaigner même, se couvrent d'une belle végétation, surtout quand le sol a une certaine profondeur et qu'il est un peu en pente.

Les défricheurs qui ont mis en pratique toute la patience, la prudence et le travail que nécessitent toujours des entreprises de cette nature, ne cultivent dans ces landes que des seigles, de l'avoine, des pommes de terre, des navets.

TERRES TOURBEUSES.

Sous ce nom, on désigne une variété de terreau produit par des herbes qui se sont altérées sous les eaux, et qui existent en grande quantité à la partie supérieure de la terre.

La tourbe diffère cependant du terreau proprement dit, car les végétaux qui la produisent ne se décomposent pas à l'air et à l'état naturel ; elle est impropre à la culture et à la vie d'un grand nombre de plantes.

Les terrains tourbeux sont élastiques, légers et spongieux, d'une couleur brun-noirâtre ; ils brûlent facilement, avec ou sans flamme.

Les fossés et les matières calcaires sont les seuls travaux et les seules substances que l'on puisse créer et appliquer pour améliorer les terrains tourbeux ; mais ce n'est qu'après la quatrième et même la sixième année, lorsqu'on a appliqué de la chaux, de la marne et du sable, qu'on peut s'y livrer à la culture des céréales.

Il faut malheureusement le constater, le froment, le seigle, etc., donnent sur ces terrains des grains d'une qualité inférieure et qui ne sont pas en rapport avec le poids de la paille. On obtient des résultats plus satisfaisants en les convertissant en prairies : la *houlque* laineuse, le *vulpin* des prés, le *fiorin*, les *trèfles* rouges et blancs y forment d'excellentes prairies.

Il a été observé que, pour avoir une coupe de foin avantageuse lorsque le résultat obtenu est d'abord insignifiant, il faut laisser pourrir sur le sol la seconde coupe de l'herbe que l'on ne peut convertir en foin sans beaucoup de difficultés.

En Belgique, près d'Audenarde, on abandonne la seconde coupe tous les deux ou trois ans, et l'année suivante, l'herbe arrive à une hauteur extraordinaire, la pourriture de cette dernière coupe opérant alors comme engrais sur la récolte suivante.

Divers degrés d'humidité du sol.

De tous les caractères qui servent à classer les terrains agricoles, un des plus importants est encore le degré d'*humidité* du sol.

L'eau constitue en premier lieu la majeure partie des tissus des végétaux ; elle est indispensable à leur vie. C'est elle qui sert de véhicule aux divers éléments dont se compose l'organisation des plantes ; car pour que les nombreux sels inorganiques que l'on retrouve à différents états dans le règne végétal puissent se transformer et constituer ainsi les parties dont se compose une plante, il faut qu'ils soient en dissolution dans un liquide, et ce liquide, c'est l'eau.

En second lieu, l'eau des pluies n'est jamais pure ; elle est chargée de différents sels dont la présence dans le sol influe puissamment sur la manière d'être des terrains.

Enfin, suivant le degré d'humidité des terrains, ils se comportent sous les instruments d'une manière très-différente, et cette humidité exerce ainsi sur les systèmes de culture des influences variées mais incontestables.

TERRAINS HUMIDES.

Ces terrains rendent de si grands services dans quelques régions, qu'on les range parmi les meilleures terres. Ils exigent moins de travaux pour être convertis en terres arables que les terrains inondés. Ceux-ci pourraient aisément se transformer en étangs, mais les terrains humides ne peuvent que se transformer en terres arables, ou bien rester en pâturages.

Pour les cultiver, il faut avoir soin de les dessécher, car trop d'humidité empêche les engrais de se décomposer ; l'eau en entraîne la plus grande partie et empêche les plantes d'en profiter ; elle contrarie également les façons que l'on donne au sol pour le nettoyer, en facilitant la végétation des plantes adventices.

Un sol trop humide reste froid et retarde la maturité des plantes. Il faut donc faire des travaux d'assainissement préalables, en ayant soin, bien entendu, de comparer le prix des terres à celui de la main d'œuvre, afin de juger si ces travaux sont avantageux ou non. C'est dans de pareils terrains que le drainage serait extrêmement utile.

On peut laisser ces terrains en pâturages comme dans les prairies du centre de la France, ou bien encore les boiser, ce qui se pratique dans le centre et surtout dans l'est de la France ; cela n'exige pas de très-grands frais.

Dans les régions sèches et chaudes, un hectare de terrain humide se paie quelquefois 1,200, 1,500 et même 2,000 fr., alors que les terres environnantes ne valent pas 200 ou 300 fr. C'est que l'humidité dont ces terrains sont imprégnés annonce ordinairement l'existence d'un cours d'eau d'une utilité inappréciable. On peut en faire aussi des prés égouttés en y pratiquant des rigoles. Des prairies égouttées rapportent beaucoup au moyen de quelques travaux d'assainissement seulement. Une partie des prés de la Hollande rentre dans cette catégorie et on peut en obtenir des produits presque inconcevables.

TERRAINS FRAIS.

Un terrain frais est celui dans lequel il n'y a point cessation de végétation. Ces terrains sont les plus précieux, et donnent presque toujours les plus beaux résultats.

Ces terres sont extrêmement recherchées, surtout dans les régions chaudes et riches qui manquent de pâturages ; elles renferment ordinairement une grande quantité de débris organiques, que la fraîcheur mate du sol rend solubles et assimilables aux plantes.

Dans le Nord, la plupart des terres sont fraîches, et c'est pour cela que l'on y voit de magnifiques cultures et qu'on obtient de très-beaux et très-abondants produits. On peut y adopter le système maraîcher et horticole avec d'autant plus d'avantages que c'est précisément dans le voisinage des terres de cette nature que l'on rencontre une grande agglomération de population.

Les terrains frais sont assez rares à la surface du

globe ; on ne les rencontre guère que sur le versant des collines, presque à la base des montagnes et dans quelques vallées. La végétation ne s'y arrête ni en hiver, ni au printemps, ni en automne. En été, ces terrains sont humectés par la fonte des neiges et des glaces ; ils sont donc constamment frais et jamais inondés ; aussi, tous les travaux agricoles s'y font sans beaucoup de peine ; un ou deux chevaux suffisent à une charrue, même pour un labour assez profond.

TERRAINS SECS.

Ces terrains ont de nombreux inconvénients, surtout dans les régions méridionales et dans les climats chauds. Non-seulement la végétation y est suspendue en été, mais même le printemps et l'automne y sont très-secs. Aussi leur ensemencement est-il difficile.

On est même souvent obligé de renoncer à la culture, ou de changer les propriétés physiques et mécaniques du sol. Ce n'est alors qu'à force de capitaux et de travail que l'on peut cultiver ces terres avec avantage, et encore à la condition d'être à proximité d'une grande ville et d'avoir des débouchés faciles et assurés. Sinon, il est préférable de les laisser en pacages. On ne rencontre pas dans le Nord des terres de cette nature.

En France, ces terres sont encore cultivables, parce qu'il y a d'assez nombreux débouchés ; mais en Espagne, en Italie et en Afrique, leur culture est presque impossible.

TERRAINS TRÈS-SECS.

Les terrains très-secs présentent les mêmes inconvénients à un plus haut degré ; la cessation de la végétation y est beaucoup plus longue ; quelque végétaux seuls y croissent ; c'est ce que l'on observe dans la Champagne pouilleuse, dont on peut classer les terrains crayeux dans cette catégorie. Il faut, pour les cultiver, les entourer de plantations qui empêchent le rayonnement de l'évaporation de l'eau et attirent l'humidité de l'atmosphère. Ces terrains sont d'autant plus secs qu'ils sont

plus pauvres ; les labours profonds y sont d'une absolue
nécessité. Il faut par conséquent faire à ces terres beaucoup d'avances, et pouvoir se procurer facilement des
engrais ; le boisement y est souvent très-difficile.

TERRAINS SECS EN ÉTÉ ET HUMIDES EN HIVER.

Il est encore des terres sèches en été et humides en
hiver. Ces terres sont les plus difficiles à faire valoir. Il
faut, dans les terres sèches, faire des ensemencements
de bonne heure, au printemps, afin que les plantes puis·
sent prendre assez de vigueur pour résister à la sécheresse.

On peut remédier aux inconvénients des terres humides en semant assez tard, au mois de mai, par exemple;
mais on ne corrigera pas de cette manière les défauts des
terres sèches en été et humides en hiver.

En effet, l'été est trop sec pour permettre les ensemencements de printemps, et l'hiver est trop humide
pour permettre les ensemencements en automne. C'est
ce que l'on peut observer dans la Sologne. Là, les terres
sont siliceuses, et cependant cette contrée est très-humide,
parce que le sol est très-mince, et qu'au-dessous se trouve
comme un plancher impénétrable d'une assez grande
épaisseur, qui empêche les eaux de s'écouler dans le
sous-sol, et les retient à la surface du terrain.

Dans de pareilles terres, il vaut mieux choisir des
plantes à racines pivotantes qui aillent chercher l'humidité dans le sous-sol, et que la sécheresse ne puisse at-
teindre. On pourrait encore les boiser ou bien les mettre
en bruyères et en retirer ainsi quelques pacages.

Degrés divers de ténacité dn sol.

Après l'humidité, le caractère le plus important pour
classer les terrains cultivables, c'est leur degré de ténacité; car le plus ou moins de ténacité des terres oblige
de modifier la répartition des travaux et fait varier d'une

manière extrêmement remarquable la quantité de main-d'œuvre à consacrer au sol ; par conséquent, cette manière d'être des terrains augmente ou diminue sensiblement les frais généraux d'une exploitation. C'est donc une circonstance particulièrement économique et d'une importance assez grande pour que nous en disions quelques mots.

TERRES FORTES.

Les terres fortes sont très-difficiles à cultiver. Le soc de la charrue a de la peine à trancher le sol, et le versoir renverse difficilement la bande de terre qui est très-lourde et dont les molécules sont très-adhérentes. Il faut au moins quatre chevaux et deux hommes pour labourer des terres de cette nature, et ils ne font que 30 à 40 ares par jour.

Ces terres exigent deux labours par an et des hersages multipliés.

En outre, la répartition des travaux y est mauvaise; la moindre pluie empêche de travailler et occasionne de fréquentes pertes de temps.

Les sécheresses de l'été et les gelées de l'hiver arrêtent aussi les travaux. Les façons ne peuvent être données à la terre ni trop tard en automne, ni trop tôt au printemps. Il faut donc saisir au vol les quelques instants passagers pendant lesquels il est possible de travailler ; de là, nécessité de nombreux attelages, d'autant plus nombreux que l'on fait peu d'ouvrage par jour ; aussi les plantes dont la culture demande l'emploi des chevaux doivent donner de très-forts produits pour couvrir les frais ; c'est ce qui se présente généralement ; les terres fortes sont ordinairement de bonne nature ; elles sont riches, les fumiers y produisent tout leur effet et ces avantages compensent un peu les inconvénients de la mauvaise répartition des travaux.

Dans les terres fortes, le mobilier d'exploitation doit donc être plus considérable que pour les terres légères ; le prix en sera aussi plus élevé ; par conséquent, de pareilles exploitations nécessitant plus de frais, doivent aussi donner plus de produits ; sinon leur culture est ruineuse, ce qui n'arrive que trop souvent.

Les terres fortes ont l'avantage de s'enherber facilement, ce qui favorise les petits cultivateurs qui n'ont pas
de prairies et qui font paître leurs bestiaux sur les chaumes des céréales ; dans ce cas les bêtes à cornes sont
préférables aux bêtes à laine, qui y contractent facilement la *cachexie* et dont la laine y est très-grossière.

Une fois épuisées, il est difficile d'améliorer ces terres.
Elles incorporent si bien les engrais, que les premières
fumures n'y font pas d'effet, et que les plantes ne peuvent
en profiter. Cette faculté de retenir les engrais les rend
précieuses aux cultivateurs pauvres qui n'ont que peu de
capitaux à consacrer au sol et qui peuvent en retirer
d'assez beaux produits avec de faibles avances.

Les pommes de terre et les betteraves ne s'y plaisent
pas et leur récolte y est difficile. En outre, les binages
doivent être très-nombreux, car la pousse des herbes y
est prompte et facile, et tout bien considéré, la culture
des racines dans ces terrains est dispendieuse et donne
peu de produits.

TERRES DE CONSISTANCE MOYENNE.

Les terres de moyenne consistance donnent des labours moins difficiles : deux ou trois chevaux et un
homme suffisent pour conduire une charrue et font plus
de besogne que dans les terres fortes. L'allure des chevaux y est plus rapide, non-seulement parce que la difficulté du travail est moins grande, mais parce qu'ils ont
l'habitude d'aller plus vite. On peut y faire de 40 à 50
ares par jour et le prix de l'heure de travail du cheval est
moins élevé.

L'amélioration de ces terres est aussi plus prompte et
plus facile ; la culture des racines y est plus avantageuse ;
les herbes poussent assez rapidement après les céréales
pour que les troupeaux trouvent encore de quoi pâturer
pendant l'automne.

TERRES LÉGÈRES.

Les travaux sont extrêmement faciles dans les terres
légères : un seul cheval ou deux petits suffisent pou

conduire la charrue et faire de 45 à 50 ares par jour. Le prix de l'heure du cheval y est très-bas, parce que l'on peut aborder ces terres en tout temps et que l'année compte beaucoup de jours ouvrables. Les façons doivent nécessairement y être moins nombreuses que dans les terres fortes ; les binages y sont moins multipliés, car ces terrains s'enherbent difficilement. La culture des racines y est donc peu coûteuse ; elles y prennent d'ailleurs un grand développement et sont de qualité supérieure.

Il y a des terres légères siliceuses et des terres légères calcaires. Ces dernières conviennent bien aux céréales. Le seigle et le sarrasin réussissent mieux dans les premières.

Les terres légères sont très-difficiles à améliorer. Les fumures doivent y être peu abondantes, mais souvent renouvelées ; car elles ne retiennent pas aussi bien les engrais que les terres fortes ; les eaux de pluie les traversent facilement et entraînent dans le sous-sol une partie des engrais dont l'évaporation est aussi très-prompte.

Pour les terres légères siliceuses, il y en a qui sont composées de grains assez gros de gravier ; on les appelle terres *graveleuses*. Ce sont les plus difficiles à améliorer ; on ne peut y faire de culture avantageuse, elles se gazonnent très-difficilement.

Il en est qui, composées d'un sable fin, sont plus faciles à améliorer, quand toutefois le sable n'est pas mouvant.

Il y en a d'autres dont le grain est très-bleu et très-fin ; on les appelle *Sablons*. Ce sont des terres sèches en été et humides en hiver comme celles de la Sologne. Au-dessous de la couche arable, il se trouve un sable ferrugineux, très-compacte, qui empêche les eaux de se perdre dans le sol et les retient à la surface de la terre.

La facilité des travaux permet l'emploi des labours profonds, des marnages, des fumures fréquentes, ayant pour effet de transformer les terres légères en terres fraîches et de consistance moyenne très-favorables à la production de la plupart des plantes cultivées. Aussi n'est-il pas rare de voir des terres légères dans la vallée de la Seine avoir une valeur de 4,000 à 6,000 francs l'hectare.

Cela s'explique aisément : le système maraîcher qui exige de nombreuses façons est moins coûteux dans ces terres, et comme elles sont alors fort recherchées par les nombreux maraîchers des environs de Paris, il n'est pas étonnant de leur voir une valeur aussi élevée.

Quand les animaux étaient nombreux et que, par suite, leur valeur échangeable était peu élevée, la culture des terres fortes pouvait offrir certains avantages. Mais aujourd'hui que les animaux de travail sont plus rares et ont plus de valeur, et que, d'un autre côté, on se procure plus facilement du fumier, la culture des terres légères tend à prendre de l'extension, ces terres donnant des récoltes plus hâtives dont les produits se vendent plus cher.

CHAPITRE II.

———

Programme : — Engrais et amendements. — Ecobuage.— Soins à donner aux fumiers,— leur emploi,— Fosse à purin,--Engrais humain, — fumiers de ville, — composts.

Les amendements servent à corriger les défauts de certaines terres par le mélange de substances qui, par exemple, les rendent légères, si elles sont trop compactes, et plus consistantes, si elles sont trop légères.

L'argile calcinée, mise en poudre, est un excellent amendement pour les sols argileux et froid, pour les terres trop fortes, qu'elle rend plus perméables à l'eau. Elle augmente la porosité du sol, et le rend capable d'absorber et de retenir beaucoup mieux les gaz utiles à la nourriture des plantes.

Par la même raison, la cendre de houille est aussi très utilement employée. En Belgique, on s'en sert pour diviser les terres humides et fortes. Essayée sur les terrains secs, elle ne produirait que de mauvais résultats.

Les cendres de bois ont l'avantage d'introduire dans le sol des sels stimulants et une grande quantité de carbonate de chaux, très-utiles dans les sols privés ou peu pourvus de calcaire.

Les cendres de mer, ou résidu de la combustion des plantes marines, contiennent une plus forte proportion de sel marin, de sulfate de soude et de potasse que toutes les autres cendres. Aussi, leur action stimulante est-elle bien plus énergique.

Un mélange à parties égales de suie et de cendre de bois produit un amendement préférable à la suie employée seule.

La chaux sèche et éteinte, convient aussi à un grand nombre de terrains, mais elle ne remplace jamais le fumier. Le sol s'épuiserait bientôt si on le chaulait sans lui donner d'engrais.

La marne, que l'on trouve dans beaucoup d'endroits, notamment dans l'arrondissement de Laon (Aisne), est une terre improductive par elle-même, mais qui, répandue comme la chaux, produit un bon effet sur les sols argileux et sablonneux.

Le plâtre, pierre calcaire réduite en poudre par l'action du feu, constitue un amendement précieux : 2 hectolitres par hectare, répandus au printemps, suffisent pour tripler une récolte en luzerne, sainfoin ou trèfle.

L'Ecobuage est une opération qui consiste à couper et nettoyer avec une espèce de pioche recourbée en forme de houe (*écobue*), les terrains couverts de broussailles, de gazons, etc. Cette opération se fait ordinairement au printemps. Quand ces broussailles et ces gazons sont secs et mis en tas, on les brûle, puis la cendre est répandue sur le champ qui est ensuite labouré et ensemencé.

Certains pays pauvres, ne possèdent pas d'autre méthode d'engrais ; lorsque le terrain a produit deux ou trois ans, ils le laissent en friche pour le brûler quand il est de nouveau couvert de broussailles.

Parmi les causes qui ont donné une rapide impulsion au défrichement des Landes, on doit compter la découverte du noir animal, résidu des raffineries de sucre. L'action prodigieuse de cet amendement a permis de remplacer l'écobuage par le défrichement à la charrue.

Les avantages de ces deux modes de défrichements se balancent souvent, soit que l'on envisage ces travaux dans leurs effets sur le sol ou sous le point de vue économique, car les circonstances où chacun se trouve placé exercent une influence dans le choix de l'une ou de l'autre méthode.

C'est une opinion assez généralement répandue que l'écobuage épuise le sol. Certains cultivateurs, cependant, estiment cette pratique au-dessus des autres par ses effets sur la terre.

Si l'on veut chercher à comparer la dépense première des deux méthodes, il semble que l'écobuage l'emporterait sur le défrichement à la charrue.

En effet, on trouve dans les pays de landes des écobueurs de profession, qui prennent 95 francs par hectare pour l'arrachage des herbes et le brûlis.

Après cette première opération faite dans l'année même, il suffit d'un seul labour pour pouvoir ensemencer dès l'automne ; ajoutons à cela l'étendage des cendres, et les dépenses pourront être évaluées comme il suit, en ne tenant compte que des sommes qui peuvent servir de comparaison et négligeant toutes celles qui sont égales dans les deux opérations :

Ecobuage et brûlis.	95 fr.
Un labour	12
Main-d'œuvre pour répandre les cendres et casser les mottes. . . .	15
Total :	122 fr.

La dépense première d'un défrichement à la charrue monterait plus haut, car il faut plusieurs labours et des engrais. On pourrait calculer ainsi :

Préparations préliminaires.	7 fr.
Deux labours de défrichement	50
Un hersage énergique	6
Un labour simple.	12
Huit hectolitres, noir animal	80
Total :	155 fr.

Ces chiffres pourraient engager à donner la préférence à l'écobuage ; cependant un grand avantage doit rester après un certain temps au cultivateur qui aura défriché avec la charrue ; après une récolte de froment, il obtiendra encore une assez belle récolte d'avoine sans addition d'engrais, tandis que par l'écobuage il se trouverait à bout avec deux récoltes et il devrait donner une fumure pour obtenir de nouveaux produits. Enfin les saisons peuvent contrarier l'écobuage et rien n'arrête le défrichement à la charrue.

Des fumiers.

Les engrais, et particulièrement les fumiers, sont les plus puissants et les plus sûrs moyens de la reproduction. Un laboureur intelligent s'efforcera donc toujours d'en tirer le parti le plus avantageux et le plus efficace.

Pour la salubrité et aussi pour la valeur du fumier, il est préférable de vider les écuries au moins tous les 8 ou 15 jours, et même plus souvent en été, à cause de la fermentation rapide qui se manifeste alors.

Un long séjour dans les écuries nuit à la qualité du fumier, et produit surtout des exhalaisons qui sont toujours funestes à la santé des animaux.

Les fumiers longs, qu'on emploie sans les laisser fermenter conviennent aux plantes qui restent longtemps en terre et aux sols argileux et compactes. Les fumiers courts agissent instatanément et conviennent aux terres légères et aux végétaux dont la durée en terre n'est que de trois à quatre mois.

Le laboureur soigneux placera son fumier dans un endroit de sa cour qui soit en pente ; il recouvrira le sommet du tas avec de la terre ou du terreau, excellents, soit pour les semis, soit pour les jardins.

Puis il pratiquera autour de ce tas, avec des tuiles, des ardoises et de l'argile, une petite rigole qui recevra le purin ou jus de fumier, et le conduira dans une fosse.

Pour faire cette fosse, on creuse le sol en rond ou en ovale ; puis on enduit la surface extérieure avec de l'argile que l'on bat fortement avec un pilon et la bêche.

Cette fosse, que l'on devrait avoir dans toutes les fermes, reçoit non seulement le purin, mais les eaux qui ont lavé les cours, etc.

De temps en temps on la vide pour en arroser le fumier, ou bien après l'avoir très-fortement mélangée avec de l'eau, on s'en sert pour arroser les prairies ou les champs dont les plantes présentent un aspect chétif. On obtient ainsi des résultats merveilleux.

Il est bon de verser de temps en temps dans la fosse, soit un peu de couperose, soit de l'acide sulfurique, soit du plâtre en poudre. L'ammoniaque volatil se convertit ainsi en sulfate qui ne s'évapore pas et l'on ne perd rien du principe actif des fumiers.

La méthode qui consiste à étendre le fumier à la fourche dans les cours est très-nuisible : l'air dans lequel les habitants de la ferme vivent alors, est constamment vicié, ce qui peut engendrer des fièvres et autres maladies pernicieuses, surtout pour les enfants.

Cette méthode est très-désavantageuse aussi pour la qualité du fumier ; sa partie superficielle offrant une grande surface, il en résulte une certaine déperdition des sucs qui doivent nourrir les plantes et fertiliser la terre.

De plus, le purin va généralement se perdre à travers des chemins, dans le village ; il va engraisser le champ du voisin et il ne reste alors au fermier maladroit que de la paille sèche et des excréments durcis, dépouillés de leurs principes fertilisants.

EMPLOI DES FUMIERS.

Il est reconnu que le fumier le moins décomposé produit le moins d'effets sur la terre ; il faut le charroyer sur le champ le plus souvent possible. Il paraît à peu près hors de doute que le fumier, même en temps de sécheresse, et cela pendant des semaines, des mois entiers, loin de perdre ainsi sa qualité, gagne au contraire.

Cette assertion paraîtra incroyable à ceux qui n'ont fait aucune expérience à ce sujet ; il semble plutôt que le fumier doit perdre par l'évaporation, et généralement on a conseillé de se hâter de l'enterrer aussitôt qu'il est répandu ; mais des observations faites par des cultivateurs expérimentés semblent démontrer le contraire.

L'évaporation du fumier est probablement moins grande qu'on ne le croirait ; quand le temps est humide, les sucs sont entraînés dans le sol, pendant la sécheresse, il n'y a point de décomposition.

Il ne peut donc assurément y avoir aucun inconvénient à répandre le fumier sur le sol, lors même qu'il devrait y demeurer quelque temps avant d'être enterré ; mais c'est un usage très-vicieux et très-nuisible de le laisser en petits tas en déchargeant les voitures.

Beaucoup d'agriculteurs préfèrent voir enterrer le fumier par un labour, afin que le sol subisse l'action de la fermentation, et s'imprègne plus parfaitement des gaz qui se dégagent alors.

Mathieu de Dombasle (célèbre agronome mort en 1843), dit dans son calendrier qu'on peut, dans beaucoup de cas, employer le fumier très-avantageusement, frais et sortant de l'étable ; employé ainsi, il produit presque toujours des effets aussi prompts et plus durables.

Plus loin ce savant dit encore : on peut enterrer le fumier par des labours, ou le répandre par dessus les semailles ou les récoltes en végétation.

Et enfin il ajoute : dans les sols légers, sablonneux et calcaires, le fumier frais ou même consommé produit en général bien plus d'effets lorsqu'on l'applique sur le sol au lieu de l'enterrer ; on peut le répandre, soit au moment de la semaille, soit au printemps sur les récoltes en végétation, soit même pendant l'hiver, sur une terre qui doit être labourée au printemps, pourvu toutefois que le sol ne soit pas en pente, de manière que les pluies puissent entraîner les sucs du fumier hors du champ.

Quoique cette méthode d'appliquer le fumier soit en opposition avec la théorie, d'après laquelle on peut supposer qu'on perd dans ce cas une grande quantité de principes volatiles regardés comme très-précieux, l'expérience se prononce si fortement en sa faveur, qu'il ne faut pas hésiter de la suivre.

Par le *parcage* des moutons sur les terres, on évite les transports. Ce mode d'engrais convient aux champs éloignés ou d'un abord difficile ; s'il est moins abondant que le fumier qu'on pourrait obtenir à l'étable d'un nombre égal de bêtes, il ménage les fourrages et les litières et fait profiter les terrains, non-seulement de toutes les déjections solides et liquides, mais encore du *suint* de la toison dont les molécules terreuses s'imprègnent.

ENGRAIS HUMAINS.

Il est bien regrettable que l'on n'imite pas partout les bonnes pratiques des pays qui savent utiliser les prodigieux effets de l'engrais humain ; à peine applique-t-on en France, à l'agriculture, l'engrais d'un cinquième de la population ; cependant tout ce qu'on perd ainsi, réduit en poudrette ou mélangé à d'autres substances, pourrait faire produire au sol le quart des grains et denrées nécessaires à la nourriture de la population tout entière.

Il est prouvé qu'un homme donne, par an, une quantité suffisante pour engraisser 30 ares de terre, qui peuvent aisément produire 40 kilog. de grains.

Or, un homme ne consomme que 300 kilog. de pain par an ; donc en utilisant les excréments humains, les cendres de bois, la tourbe, les matières animales ou végétales, on pourrait se passer, sinon entièrement, du moins en grande partie, du fumier des bestiaux, qui est toujours d'un coûteux entretien.

Nous pourrions citer, comme exemple, un cultivateur intelligent, qui, dans le Soissonnais, a su en très-peu de temps, et avec un capital très-faible, acquérir par l'emploi des engrais humains, une fortune relativement considérable, tout en rendant les plus grands services à l'agriculture.

On a calculé qu'un sol susceptible de produire, sans aucun engrais, trois fois la semence qui lui est confiée, donnerait, pour une superficie égale :

Avec des herbes sèches, du vieux foin, et autres débris végétaux :   5 fois la semence.
Avec du fumier d'étable :   7   id.
Avec de la colombine :   9   id.
Avec du fumier de cheval :   10   id.
Avec les excréments humains : 14   id.

DES FUMIERS DE VILLE.

Le plus grand nombre des cultivateurs s'en servent après les avoir laissés reposer longtemps ; beaucoup même hâtent la décomposition de cette espèce de fumier en y mêlant de la chaux et en remuant la masse à plusieurs reprises.

Ce n'est qu'aux environs des grands centres de population qu'il peut y avoir avantage pour le cultivateur à faire usage du fumier de ville ; quelque peine qu'il en coûte pour le recueillir et le transporter, il revient encore à meilleur marché que le fumier des étables qu'il faut acheter.

Le cultivateur qui vend sa paille et son fourrage en ne gardant que ce qu'il lui faut pour l'entretien de son attelage, et qui emploie une partie du produit à acheter le fumier de la ville dont il est proche, fait toujours une très-bonne affaire.

L'effet de cet engrais dure de 3 à 4 ans, et l'on estime généralement qu'une voiture vaut 3 ou 4 voitures de fumier de bêtes à cornes. Toutefois, ce fumier opère mieux sur les terres argileuses fortes, sur les terres à blé, que sur les autres natures du sol.

A *Melle*, dans le département des Deux-Sèvres, l'artisan, l'ouvrier, jettent dans leurs caves les balayures de la rue et de la maison, de la terre de jardin, ainsi que les résidus de la cuisine ; ils arrosent avec des eaux grasses la masse qu'ils remuent de temps en temps pour opérer le mélange.

Ils fabriquent ainsi un engrais de première qualité qu'ils vendent ensuite environ trente francs la charretée ; cet engrais sec peut être semé à la main.

Nous terminerons ce que nous avons dit sur les engrais et amendements en donnant divers *composts* (mélanges d'engrais) recommandés à l'attention des bons agriculteurs.

COMPOST BOURBONNAIS.

1 à 2 hectolitres de colombine (*fiente de volaille*).
3 à 4 hectolitres de cendres.
10 tombereaux de curures de route.
Ces quantités suffisent pour produire un excellent effet sur les terres.

Fumier consommé	350 k.
Colombine	100
Purins, urines	25
Sang de boucherie	25
Terre	200
Sable	100
Chaux	50
Charbon végétal en poudre	100
Cendre	50
	1,000 k.

COMPOST SIMPLE.

Une couche d'herbages provenant d'étangs, une couche de chaux vive, de cendres, de suie, une couche de paille et d'herbages, une couche de chaux, etc.

Ces superpositions sont répétées jusqu'à l'accumulation d'une voiture au moins; ensuite, au moyen de trous traversant l'épaisseur de ces différentes couches, une certaine quantité d'eau est introduite de manière à bien imbiber les substances et à préparer la dissolution des matières alcalines et salines. On se procure ainsi un trèsbon engrais.

LEVAIN D'ENGRAIS.

125 kilog. matières fécales et urines.

25 kilog. suie de cheminée.

200 kilog. plâtre en poudre, ou limon de rivière, ou poussière des chemins.

300 kilog. chaux non éteinte.

10 kilog. cendres de bois non lessivées.

0 k. 500 sel marin.

0 k. 300 salpêtre brut.

On délaie ces matières dans un bassin avec assez d'eau pour faire 10 hectolitres de lessive qui suffiront pour convertir en fumier 500 kilog. de paille ou 100 kilog. de matières végétales (genêts, bruyères, ajoncs, roseaux, etc.), qui produisent 200 kilog. d'un fumier revenant à 8 ou 10 francs les 100 kilog.

CHAPITRE III.

Programme : — Climats: région glaciale. — Froide. — Froide tempérée. — Tempérée humide. — Tempérée mixte. —Tempérée sèche. — Tempérée chaude. — Chaude. — Torride — Des montagnes. — Des saisons. — De l'air.—De la chaleur.— De la lumière et de l'atmosphère. — Abris. — Exposition. — Clôture.

Le climat a une influence considérable sur les diverses productions de la nature, et la connaissance de ses effets dans chaque région est de la plus haute importance pour l'agriculteur.

Nous allons donc indiquer successivement l'état de l'agriculture dans les principales régions, et les conditions que le climat y a faites au travail de l'homme.

I

RÉGION GLACIALE.

Cette région forme l'extrémité septentrionale de l'Europe. Bien qu'habitée par des populations nombreuses, elle ne compte aucune industrie agricole. Par suite de l'intensité du froid et de l'absence de lumière pendant une grande partie de l'année, la végétation y est très-maigre et restreinte à un petit nombre de plantes à racines courtes et traçantes. La terre restant constamment gelée presque jusqu'à la surface, les plantes à racines longues et pivotantes ne pourraient s'y développer. Les mousses et les lichens peuvent seuls végéter sur un pareil terrain et sont la principale ressource des animaux domestiques de cette région, des rennes, qui s'accoutument assez bien à cette nourriture, à laquelle les hommes sont eux-mêmes quelquefois obligés de recourir. Certains arbustes, tels que le bouleau nain, par exemple, ne dépassent jamais la hauteur de 1 m. à 1 m 50 c., et fournissent aussi quelques ressources aux troupeaux de rennes qui en broutent les jeunes pousses.

Il est difficile, sinon impossible, d'introduire dans cette région l'industrie agricole, et pendant les longs hivers de ces contrées désolées, les populations doivent trouver leur subsistance en dehors de l'agriculture ; aussi ne se nourrissent-elles que de poissons.

RÉGION FROIDE.

Cette région, qui embrasse la plus grande partie de la Russie et de la presqu'île scandinave, est celle des pâturages d'été.

Toutes les céréales et la plupart des plantes de nos jardins y sont cultivées presque jusqu'au cap Nord. Le lin y réussit assez bien.

Le temps excessivement court pendant lequel la végétation peut s'y développer, place l'agriculture de ces contrées dans des conditions extrêmement défavorables. En effet, la neige ne disparaît guère avant la fin du mois de juin. Il faut alors se hâter de labourer et de semer, car si huit jours après la fonte des neiges on ne l'a pas fait, il est trop tard.

Il faut, en outre, que les récoltes soient enlevées dans le courant du mois d'août, sinon les neiges tombent avant la moisson et les cultivateurs sont obligés de sécher leurs grains à l'ardeur du feu.

La végétation étant de courte durée, la mâturité est prompte, mais il se forme peu de produits ; les céréales ont beaucoup de qualité, mais elles rendent peu. Aussi se borne-t-on à ensemencer en céréales, ce qui est nécessaire aux besoins personnels du cultivateur.

Ce qui vient surtout en aide à ces populations malheureuses ce sont les forêts, qui les défendent contre des froids excessifs et leur donnent du travail pendant les longs intervalles du chômage de la culture.

Les troupeaux se nourrissent, l'été, dans les pâturages dont l'herbe est très-vigoureuse. Pendant le reste de l'année, les forêts leur fournissent des jeunes pousses que savent digérer les animaux robustes de la contrée. L'écorce des arbres leur sert même d'aliment. En Norwége, le cultivateur est obligé quelquefois de nourrir sa famille avec le bois, dont il prend les parties tendres qu'il dessèche, et avec lesquels il fait une espèce de farine que l'on mêle avec celle de froment pour en faire du pain.

L'outillage du cultivateur de la région froide doit être très-économique, car il sert deux ou trois mois à peine. Il faut donc que la construction en soit assez simple pour qu'il puisse les fabriquer lui-même pendant les longs loisirs de l'hiver.

RÉGION FROIDE TEMPÉRÉE.

La région froide tempérée embrasse une partie de la Suède, de la Norwége et du Dannemark, la partie sud-ouest de la Russie, une partie de la Pologne, la majeure partie de la Prusse, de la Hollande, une partie de la Belgique, une faible partie de la France, une partie de l'Angleterre et la majeure partie de l'Ecosse.

Les neiges fondent dans cette région dès le mois de mars ou d'avril, et n'y paraissent qu'en novembre ou décembre seulement. Les gelées y sont également de plus courte durée. Le printemps et l'automne y sont sensibles.

Il s'en suit que le cultivateur a le temps de préparer ses terres pour les ensemencements d'automne, qu'il peut utiliser un grand nombre de plantes, telles que le lin, le colza, la navette, etc., qui viendraient bien dans la région froide, mais qu'on n'a pas le temps d'y cultiver. On peut aussi donner à la culture des céréales un grand développement. La majeure partie des blés importés en France, en Angleterre, en Hollande, viennent de cette région.

Seulement, la constance de l'humidité dans ces contrées rend les travaux des cultivateurs très-irréguliers. Les pluies les interrompent fréquemment et pour un temps d'autant plus long que la terre ne s'y dessèche presque jamais complètement.

Mais cette humidité est très-favorable à la pousse de l'herbe, qui se maintient fraîche la plus grande partie de l'année. De là vient que l'élevage du bétail est devenu dans ces contrées la principale production.

L'industrie rurale de cette région est excessivement variable d'une localité à l'autre ; cependant elle tend, en général, à revêtir la forme de l'agriculture pastorale.

RÉGION TEMPÉRÉE HUMIDE.

Au-dessous de la région froide tempérée, se trouve la région tempérée humide ou à pâturages continus. Elle embrasse une partie de l'Angleterre, l'Irlande tout entière, et une partie de la Normandie, du Poitou et de la Bretagne.

Dans cette région, la végétation commence de très-bonne heure au printemps et très-tard en automne ; les céréales et les graminées y végètent presque constamment.

Le temps qui s'écoule depuis les semailles jusqu'à la moisson est très-long, et le cultivateur a une très-grande latitude pour les travaux de la culture. De plus, comme dans la région précédente, on peut faire des ensemencements d'automne ; la culture arable y est donc placée dans de très-bonnes dispositions.

Les hivers étant peu rigoureux dans ces contrées, le bétail trouve constamment dans les pâturages une quantité suffisante de nourriture.

On y dispose les terres en enclos avec des abris en pierres sèches ou en haies vives. Ces abris sont indispensables ; quoiqu'ils perdent du terrain, ils préservent les animaux des vents violents qui les fatigueraient beaucoup, et ils ont d'ailleurs une influence heureuse sur les pâturages eux-mêmes, car la rosée y persistant plus longtemps, le sol reste humide, ce qui favorise la croissance de l'herbe.

Les pluies sont fréquentes et continues dans cette région. Les travaux se trouvent dès lors forcément interrompus, car une pluie, même peu abondante, exerce sur le sol une action durable et arrête les travaux pendant un temps très-long, comme cela se voit en Irlande.

L'agriculture souffre nécessairement de cet état de choses, qui favorise néanmoins la production du bétail. Et si, en Angleterre, l'agriculture est très-perfectionnée, ce n'est que grâce aux sommes énormes que l'on enfouit dans le sol sous forme de drainage et autres procédés plus dispendieux encore, à l'aide desquels on est parvenu à vaincre l'humidité du sol.

RÉGION TEMPÉRÉE MIXTE.

La région tempérée mixte ou à pâturages de printemps et d'automne, embrasse la majeure partie de la France, la Suisse, une grande partie de l'Allemagne et de la Pologne, enfin une partie de l'Autriche et de la Russie.

La moyenne annuelle des pluies y est moins considérable que dans la région précédente, et, comme l'atmosphère y contient beaucoup moins de vapeur d'eau, le sol n'y reste pas aussi longtemps humide, d'où résultent des variations plus brusques dans la température.

La première conséquence de ce fait, c'est qu'il y a dans la région tempérée mixte deux cessations de végétation, une en hiver et une autre pendant l'été ; pendant quatre ou six mois, l'herbe ne pousse plus. C'est un grave inconvénient que le cultivateur parvient à force de soin à atténuer en partie, mais il lui faut pour cela des capitaux assez considérables.

La spéculation du bétail et l'engraissement aux pâturages n'y sont pas placés dans d'aussi bonnes conditions que dans la région des pâturages continus.

Quant à la cessation de végétation, ce n'est pas une condition nécessairement fâcheuse pour la plupart des plantes cultivées, car la sécheresse qui provoque cet arrêt complète la maturation des céréales et donne de la qualité aux grains.

L'Angleterre est sous ce rapport, moins favorisée que la France, car les cultivateurs anglais sont obligés de faire beaucoup plus de frais que nous, à cause de la difficulté de maturation des grains. Il faut, en outre, qu'ils se donnent beaucoup de peine pour sauver leurs moissons.

Chez nous, au contraire, on peut, pendant l'été, rentrer les récoltes, et pendant l'hiver, les gelées facilitent également les transports. De plus, les alternatives de sécheresse et de gelée rendent la terre facile, souple, et la font se débiter facilement. Il en résulte que les plantes font plus aisément pénétrer leurs radicelles dans ces terres désagrégées, et que quelques labours faits en temps opportun suffiront pour maintenir le sol en très-bon état.

C'est la raison qui fait en France, donner la préférence à la culture arable, tandis qu'en Angleterre on se livre généralement à la production du bétail.

RÉGION TEMPÉRÉE SÈCHE.

Ce qui caractérise surtout cette région, qui s'étend depuis la Hongrie jusqu'à l'est de l'Asie, et confine au Nord avec les régions froides, et au Sud avec les régions chaudes, c'est une grande sécheresse, des pluies rares et une évaporation extrêmement prompte augmentée par cette sécheresse.

Le froid y est très-vif en hiver, très-prolongé ; en été, les chaleurs y sont extrêmement fortes et longues, de sorte que le printemps et l'automne y sont envahis par les deux autres saisons.

Comme ce n'est que pendant le printemps et l'automne que les travaux de culture arable peuvent être exécutés, ces deux saisons étant courtes dans cette région, le cultivateur ne peut exploiter qu'une faible étendue de terrain, souvent insuffisante pour ses besoins, et une grande partie des terres doit rester en friche, abandonnée à la production spontanée du sol.

Pendant l'été, la terre est trop ferme, trop dure pour être labourée ; le système pastoral semble donc devoir l'emporter de beaucoup sur le système arable et c'est effectivement ce qui a lieu.

Mais le bétail doit y être vigoureux et doué d'un tempérament très-rustique pour résister à la chaleur des étés, à la rigueur des hivers et aux fatigues que leur causent les longues marches qu'ils doivent faire pour trouver une nourriture suffisante dans ces maigres pâturages.

On rencontre dans cette région de vastes steppes, espaces immenses presque dépourvus de végétation et renfermant de nombreuses racines, qui augmentent encore l'infertilité du sol. On comprend alors combien il est difficile au système arable de s'y implanter. Le système pastoral lui-même se trouve placé dans de fort mauvaises conditions. Aussi y est-il nomade.

Les variations brusques et considérables de température occasionnent des maladies terribles qui déciment les bestiaux. La plupart des épidémies sur les animaux, telles que la péripneumonie gangreneuse et la fièvre aphteuse nous ont été transmises de la Valachie ou de la Russie méridionale.

Dans cette région, l'espèce humaine est également en proie aux ravages de la peste et du choléra asiatique.

RÉGION CHAUDE TEMPÉRÉE.

Cette région embrasse l'Espagne, une partie de la France méridionale, l'Italie, la Grèce, le Nord de l'Afrique, nos possessions d'Algérie, par conséquent la majeure partie du bassin de la Méditerranée.

Dans ces contrées, l'influence du soleil est très-énergique. Si la végétation n'est plus arrêtée en hiver, elle l'est à peu près complètement pendant l'été.

En outre, cette dernière saison est assez longue et sèche pour interrompre tous les travaux ; la charrue ne peut rien faire dans un sol profondément durci ; les chaumes des céréales ne peuvent pas être rompues ; il faudrait pour cela des instruments d'une énergie trop puissante.

Tous les travaux de labour doivent être faits en automne ou plutôt en hiver. Ils sont ainsi extrêmement multipliés dans une saison où les pluies commencent à tomber ; on ne peut donc développer beaucoup de travail et cependant il faut que tous les travaux soient faits ; aussi dans bien des parties de cette région on se contente d'écorcher le sol auquel on confie la semence tant bien que mal.

Les deux tiers des terres restent incultes. Ce fait se produit déjà dans la France méridionale où la culture est magnifique dans les vallées, mais n'existe presque plus sur les côteaux.

La principale ressource de l'industrie rurale dans cette région est donc encore la production du bétail, et son meilleur système de culture, le système pastoral.

Mais le bétail n'y est pas placé dans d'heureuses conditions : s'il y trouve l'hiver une nourriture abondante, il est loin d'en être de même en été où les herbes sont desséchées. Il faut alors que les troupeaux se réfugient dans les tailles dont ils rongent les jeunes pousses, et qu'ils parcourent des espaces souvent considérables pour aller passer l'été dans les montagnes.

Les bêtes à laine sont celles qui conviennent le mieux au climat chaud tempéré, car les pâturages étant pauvres et peu abondants, les animaux de petite taille broutant l'herbe de très-près, peuvent y vivre plus facilement que les autres.

La terre, dans ces contrées, donne en général des produits magnifiques quand elle a été bien préparée, et l'on cite comme n'étant nullement exagérés des rendements de 30 fois la semence pour le froment, et de 50 fois pour l'orge.

Mais cette fertilité ne tient pas tant à la nature du sol qu'à l'activité du soleil et aux rosées abondantes qui baignent la terre toutes les nuits. Les plantes ont aussi une valeur nutritive plus grande que dans nos climats septentrionaux.

Aussi toutes les fois que l'on peut ajouter l'irrigation à la chaleur naturelle et à l'activité des rayons du soleil, on décuple souvent la valeur des terrains et l'on obtient au moyen de l'eau toutes sortes de produits.

En résumé, le système de culture de la région chaude est assez complexe. Partout où il y a de l'eau, le terrain devenant extrêmement précieux, le cultivateur doit s'efforcer d'en obtenir des produits d'autant plus multipliés qu'il en obtient moins ailleurs. En outre, la culture des arbustes y doit prendre un grand développement ; elle aide puissamment à trouver une bonne répartition des travaux, et à l'alimentation du bétail.

RÉGION CHAUDE.

La région chaude, dont les limites sont extrêmement variables, entoure les déserts de l'Afrique et de l'Asie.

Ce qui la caractérise, c'est l'impossibilité d'y établir une culture ailleurs que dans les endroits arrosés.

Le seul système de culture qui convienne à ces contrées, est le système maraîcher, car plus la quantité de terres que l'on ne peut cultiver est considérable, plus les terres cultivables ont de valeur et par conséquent plus il est avantageux de leur consacrer une forte quantité de capitaux et de travail.

On ne saurait tirer parti de ces vastes surfaces que la charrue ne peut entamer avec avantage que par le moyen du bétail, mais on conçoit qu'il y est placé dans des conditions bien plus mauvaises encore que dans la région précédente, et que les animaux de la région chaude doivent être extrêmement robustes, vigoureux et endurants, pour franchir souvent en peu de jours des espaces immenses, soit pour fuir la poursuite des ennemis ou des maraudeurs, soit pour trouver plus aisément leur nourriture

Il faut donc beaucoup d'espace dans ces contrées pour nourrir un troupeau, c'est pourquoi tous les pasteurs y sont nomades et vivent sous la tente afin de transporter facilement leur demeure.

Le manque de réussite pour les personnes et pour les choses ne permet pas à l'agriculteur de faire de grandes avances ; aussi cherche-t-il avant tout à profiter des fruits spontanés de la terre. Les dattiers, l'arbre à pain et le cocotier, fournissent leurs fruits aux populations extrêmement sobres de ces contrées peu hospitalières.

Dans la région chaude, toutes les fois que le terrain est humide ou qu'il y a des pluies, la végétation est luxuriante. Malheureusement, la chaleur, jointe à l'humidité, y engendre des maladies terribles qui déciment et épouvantent les populations.

RÉGION TORRIDE.

Au point de vue agricole, cette région n'existe pas, car elle n'est pas habitable, et toute culture y est impossible. C'est tout au plus si les populations nomades de la région chaude peuvent de temps en temps, pendant l'hiver, faire quelques excursions dans cette contrée brûlante, de même que les Lapons et les Esquimaux se hasardent pendant l'été au milieu des glaces polaires.

RÉGION DES MONTAGNES.

Cette région se rencontre dans toutes celles dont nous venons de parler ; ce qui la caractérise, c'est la difficulté des transports, des communications et de l'accès des lieux.

Les climats des montagnes se rapprochent souvent des climats les plus doux et les plus favorables à l'agriculture, surtout dans le midi, où la culture du blé y serait possible. Mais à cause des difficultés de transport, on ne peut guère cultiver que la vigne ou y appliquer l'industrie du bétail, les troupeaux pouvant aller chercher leur nourriture et rapporter leurs produits sans dépense pour l'homme.

Pendant l'hiver, les troupeaux trouvent leur nourriture à la base des montagnes, mais à mesure que l'été s'approche, ils s'élèvent de plus en plus pour trouver des pâturages d'été.

On peut donc dire que dans cette région, les pâturages sont continus. Les montagnes du Dauphiné, des Cévennes, des Alpes, de l'Auvergne, etc., exercent une grande influence sur les troupeaux environnants qui vont y passer l'été.

Dans les vallées, la culture est forcément arable, car il est indispensable de se procurer une nourriture d'hiver abondante pour les bestiaux que l'hiver fait descendre des hauteurs, et de cultiver des grains pour les besoins des possesseurs de ces troupeaux et des agriculteurs.

II

INFLUENCES ATMOSPHÉRIQUES.

Les saisons, l'air, la chaleur, la lumière et l'atmosphère exercent une grande influence sur la vie des végétaux.

L'air est indispensable à la nourriture des plantes qui l'attirent et s'en emparent au moyen de leurs feuilles; il contient des gaz et des vapeurs très-utiles au règne végétal. On peut juger de l'effet du gaz ammoniac pas les herbes qui croissent sur l'emplacement des vieux fumiers, et par la vigueur des arbres avoisinant les basses-cours.

La chaleur augmente le volume des corps; elle réduit en vapeur la plupart des liquides afin d'en assimiler les éléments aux besoins de la plante.

Les corps noirs ou de couleur foncée s'échauffent plus facilement que les corps blancs ou pâles. Les terres blanches retiennent moins de chaleur que les terres noires ou brunes; aussi, dans les premières, les récoltes sont plus lentes à parcourir les différentes phases de la végétation.

Cette affinité des corps noirs ou bruns pour la chaleur est utilisée par les jardiniers. Veulent-ils faire fondre la neige ou hâter la maturité de quelques plantes? ils répandent sur le sol des matières de couleurs foncée, de la cendre, de la suie, etc.

La lumière a aussi une grande influence sur la vie des végétaux; elle les colore en nuances de vert variant à l'infini; sans la lumière, les fleurs n'étaleraient pas à nos yeux ces couleurs si riches et si belles; sans elle, les feuilles des arbres seraient d'un blanc jaunâtre comme les feuilles de betteraves et les tiges de pommes de terre germant dans les silos ou dans les caves.

Pour faire blanchir les salades, les jardiniers les lient afin de les priver de la lumière. Le blé, lorsqu'il est semé trop épais, manque d'air et de lumière, et il ne donne que des tiges languissantes, étiolées.

Lorsque le cultivateur émonde ses arbres et ses haies, ce n'est pas seulement dans le but de se procurer du bois, mais parce qu'il a reconnu, à ses dépens, que l'ombrage projeté sur son champ par les branches lui fait un tort considérable.

Donc si l'on veut empêcher les plantes de germer et de se couvrir de verdure, il faudra les soustraire soigneusement à l'action de la lumière et de l'humidité, c'est pour cela que l'on établit des silos de betteraves, de navets, de carottes, de pommes de terre, etc.

Diverses causes peuvent encore influer, en bien comme en mal, sur la végétation, telles sont les pluies, la sécheresse, les brouillards, les gelées, les vents, l'exposition et les abris.

Il pleut plus fréquemment dans le voisinage des eaux, sur les montagnes, dans les localités couvertes de grands arbres, que dans les contrées arides, les plaines et les lieux découverts.

La pluie, au printemps et à l'automne, est généralement favorable aux travaux et aux produits de l'agriculture ; elle aide à la germination des plantes et à la maturité des végétaux ; en général toute semence ou plant confié au sol a besoin d'être plus ou moins arrosé lors de sa mise en terre. Dès qu'un végétal est transplanté, il est toujours bon d'en arroser le pied pour qu'il ne se flétrisse pas.

La sécheresse, lorsqu'elle dure longtemps, n'est pas moins nuisible à la végétation que l'humidité ; elle entrave les labours et les semailles ; les végétaux ne trouvent plus dans l'air leur nourriture habituelle, et ils perdent par l'évaporation les sucs les plus nécessaires. La plante se flétrit alors et se dessèche sur pied.

Les brouillards sont nuisibles lorsque pendant la fécondation et la maturité des plantes, le soleil vient subitement les réduire en vapeur ; mais ils sont très-favorables à la végétation des prairies.

Pendant la nuit, lorsque le temps est serein et découvert, la chaleur de la terre n'étant pas retenue par les nuages se perd dans les régions supérieures. Alors les plantes se refroidissent considérablement et la vapeur d'eau vient se condenser contre elles, absolument comme cela a lieu sur les vitres d'une chambre contenant beaucoup de personnes.

Cette vapeur, glacée sur les feuilles par la température très-basse de la nuit, porte le nom de *gelée*.

Si les gouttelettes demeurent liquides, c'est la *rosée*, bienfaisante, surtout en temps de sécheresse.

On prévient les inconvénients de la gelée au moyen de couvertures telles que paillasson, paille étendue, feuillage, etc.

Si tout effort humain vient échouer devant les effets terribles des tempêtes et des ouragans, l'impétuosité des vents n'est pas toujours si grande qu'on ne puisse la contenir ou la modérer ; il suffit pour cela d'établir des brisants au moyen de plantations d'arbres résistants, comme le pin, le bouleau, etc.

Quand on veut défricher de grandes étendues de landes, on commence par renfermer le terrain dans une bonne ceinture d'abris. Des murailles, des massifs de plantations, de simples palissades même, deviennent des abris dans la petite culture ; les haies sèches ou vives, les paillassons, suffisent pour les jardins.

Les vents desséchants portent le nom de *hâle*. Ceux du printemps sont les plus nuisibles ; ils dessèchent, durcissent les terres argileuses, serrent le collet de la plante et arrêtent la végétation. On remédie à ce dernier inconvénient par le bon hersage.

Dans les jardins et surtout dans les pépinières, pour éviter le dessèchement du sol et aussi pour empêcher la croissance des mauvaises herbes, on y met, dès l'automne, une forte couche de feuillages ou de paille de sarrazin. Les vents ne peuvent plus alors avoir d'action sur la terre qui conserve ainsi sa fraîcheur.

On doit s'attendre à un grand vent quand la lune paraît fort grosse, d'une couleur rougeâtre et environnée quelquefois d'un cercle clair. Si le cercle est double ou paraît brisé, c'est signe de tempête. C'est encore un présage de grand vent, quand les nuages fuient légèrement, qu'ils se montrent subitement au Sud et à l'Ouest et qu'ils sont rouges ainsi que le ciel, notamment le matin.

Une giboulée après un grand vent est un indice certain qu'une tempête approche de sa fin. C'est ce qui a donné lieu à ce dicton : *petite pluie abat grand vent.*

La position d'un champ, d'un jardin, d'un pays par rapport à l'horizon, exerce une grande influence sur les végétaux cultivés. L'exposition au Midi, sous tous les climats, est la plus favorable ; celle de l'Est vient ensuite. On peut remarquer que les plantes exposées au Nord ont un bien plus chétif aspect que celles qui sont exposées au Midi ; cela tient aux vents desséchants qui jouent ici le plus grand rôle.

Pour la demeure de l'homme, l'exposition Nord et Sud-Est est la plus saine ; celles de Nord-Ouest ou de l'Ouest sont les plus défavorables.

L'exposition de l'Est et du Sud convient aux oiseaux et aux insectes ; elle est nuisible aux bestiaux auxquels le Nord convient seul, excepté dans les climats froids où l'exposition de l'Est et du Sud est préférable.

Les clôtures servent à garantir les récoltes et les prairies des dégâts que pourraient y causer les bestiaux et les maraudeurs. En formant des abris aux plantes, elles accélèrent la maturité des récoltes. De plus, elles permettent d'abandonner à eux-mêmes les bestiaux que l'on élève ou engraisse dans les pâtures.

On peut se clore de plusieurs manières : par des murs de pierres ou de briques, par des fossés, des palissades, des haies, etc.

La meilleure clôture, la plus sûre, est un mur solide en maçonnerie d'environ trois mètres de hauteur. La construction est dispendieuse, mais on l'utilise par la culture des espaliers.

Pour les haies, on emploie l'épine blanche, la charmille, le noisetier, l'accacia.

On les tient à une certaine hauteur, un mètre cinquante environ, et chaque année on les tond des deux côtés avec des cisailles.

Dans certains pays, en Thiérache par exemple, les bestiaux sont mis en pâtures au printemps et ne rentrent à l'écurie qu'aux approches de l'hiver.

Les haies sont munies d'ouvertures fermées à l'aide de barrières pour l'entrée et la sortie des bestiaux. On établit à côté un petit passage muni d'un tourniquet à l'usage des personnes.

Les clôtures en palissades et en bois mort sont peu sûres

mais peu coûteuses à établir : elles manquent aussi de durée. On ne doit les employer que dans le cas de nécessité absolue.

La meilleure clôture consiste à élever autour du champ un monticule de cinquante centimètres de hauteur, plus large à sa base, sur lequel on plante la haie que l'on peut mettre en état de défense en ne coupant les branches qu'à demi et en les entrelaçant. Au milieu, et de distance en distance, on plante des arbres dont les racines atteignent le vrai sol et consolident le monticule, ces arbres deviennent vigoureux et donnent avec le temps un bon bois de charpente.

Nous croyons utile de donner, en terminant ce chapitre, certaines indications à l'aide desquelles on peut présumer de la pluie au moins avec autant de certitude qu'en observant les indications du baromètre.

En été, lorsque le temps est lourd, qu'il fait très-chaud ; en hiver, lorsque par le froid le temps se radoucit subitement, c'est un signe de pluie dans le premier cas, et de neige dans le second.

Lorsque le soleil se lève pâle et comme baigné d'eau ; quand la lune est pâle ou qu'elle est entourée d'un cercle par un vent du midi, on peut s'attendre à une pluie prochaine.

Lorsque le vent est du sud, et que la lune n'est visible que le 4e jour après la nouvelle lune, on est menacé de pluie pour le reste du mois.

Quand les nuages s'amoncellent et ressemblent à des rochers ou à des montagnes qui s'entassent au Midi et changent souvent de direction ; quand ils sont nombreux le soir au Nord-Est, ou quand ils sont noirs et viennent de l'Est, c'est de la pluie pour la nuit ; ils annoncent encore de la pluie pour le lendemain, quand ils viennent de l'Ouest ; et pour deux ou trois jours après, quand ils ressemblent à de gros flocons de neige.

On peut encore augurer de la pluie quand les oies et les canards se jettent à l'eau et y font de grands mouvements et de grands cris ; lorsque les hirondelles rasent la surface de la terre et des eaux ; quand les poules se roulent dans la poussière et secouent leurs ailes ; quand le coq chante le soir et le matin en battant des ailes ;

quand les grenouilles coassent dans les étangs ; quand le chat fait sa toilette et se passe la patte derrière l'oreille.

Au contraire on peut espérer que le temps sera beau : quand le ciel a été clair pendant la nuit, que le soleil se lève brillant et quand il se couche au milieu de nuages dorés ou rouges ; de là ce dicton :

Rouge soirée et grise matinée sont signes certains d'une belle journée:.

Si les taches de la lune sont bien visibles et si ses cornes sont bien pointues le 4e jour après la nouvelle lune, c'est signe de beau temps jusqu'à la pleine lune.

CHAPITRE IV.

Programme : — Moyen d'utiliser les eaux et de s'en préserver. — Drainage. — Irrigations.

Le drainage est une opération qui consiste à donner un écoulement souterrain aux eaux dont le séjour dans le sol ou à sa surface nuirait à la végétation.

On donne le nom de *drains* aux tubes destinés à livrer passage à l'eau qu'on veut faire écouler.

Il est nécessaire de renouveler l'eau qui coule dans les terres, car cette eau donne la vie ou la mort : la vie, si elle ne fait que traverser la couche de terre pour lui communiquer des principes fécondants ; la mort, au contraire, si elle empêche l'eau nouvelle et l'air d'y pénétrer.

Le drainage était pratiqué de temps immémorial, mais sous une forme plus simple ; ouvrir des tranchées plus ou moins profondes, en garnir le fond soit avec des pierres, soit avec des branches, et remplir de terre : tels étaient les procédés généralement suivis.

Cette opération a fait de grands progrès depuis quelques années : on a donné une plus grande profondeur aux tranchées et on a substitué aux divers matériaux de remplissage les tuyaux en terre dont l'économie et l'efficacité sont incontestables.

Les terrains où le drainage est de la plus utile application sont les terres froides et fortes, où les engrais ne peuvent agir faute de fermentation.

Si le terrain est en prairie, les joncs, les roseaux, les

mousses, etc., l'envahissent, et l'on n'obtient qu'un mauvais fourrage. Dans les terrains cultivés, cette humidité permanente pourrit les racines.

A défaut d'issue inférieure, l'eau qui imbibe la terre ne peut se dégager qu'à la surface, par l'effet de l'évaporation : de là pour la végétation une perte considérable de chaleur, ce qui retarde la croissance et la maturité des plantes, quand toutefois celles-ci n'ont pas été détruites par les gelées et les dégels successifs du printemps.

Les terres fortes ou argileuses ne laissent pas assez facilement pénétrer l'eau de la surface et la retiennent trop fortement lorsqu'elles en sont imprégnées. Sous l'action des vents et du soleil, elles se durcissent; dans les temps de pluie, l'eau coule à la surface entraînant les engrais et ravinant le sol.

Les avantages du drainage sont nombreux ; on pourrait les résumer en disant que la première année de récolte suffit souvent pour indemniser des frais occasionnés par le drainage d'une terre.

Le drainage rend les récoltes plus hâtives et plus belles en permettant à la chaleur du soleil ou de l'air d'élever la température du sol et de développer la végétation. Il diminue ou neutralise les effets si fâcheux des sécheresses sur les terrains détrempés pendant l'hiver. Il rend le sol plus humide dans la saison trop sèche, et plus sec dans la saison trop humide. Il permet de réduire les attelages et amène une notable diminution dans les frais de la culture, extrêmement difficile sur un terrain durci ou pâteux, en rendant les labours possibles et utiles dans des circonstances atmosphériques, où, à son défaut, ces labours ne pourraient avoir lieu.

En enlevant l'excès d'humidité avant les gelées, il empêche celles-ci de nuire aux semences et aux racines.

Le drainage permet encore de substituer les labours à plat ou en très-larges planches à ces billons hauts et étroits en usage dans les terres fortes et peu favorables à la végétation. Il donne toute leur efficacité aux amendements dans des terrains trop humides.

C'est par le drainage ou un travail analogue qu'on peut assurer le succès de certains desséchements de marais, en neutralisant les effets fâcheux des fausses sources qui font échouer ces grands travaux.

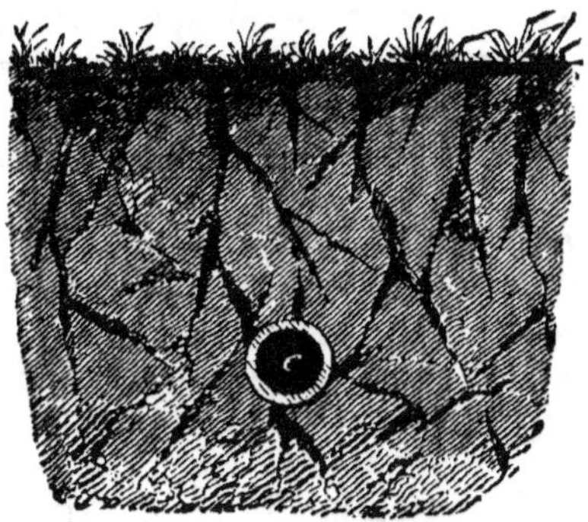

Fig. 5. — Drain en place.

DISPOSITIONS DES DRAINS.

Il y a deux sortes de drains : les drains *collecteurs* ou maîtres-drains, qui portent les eaux dans un ruisseau, et les drains *secondaires* qui versent leurs eaux dans les premiers.

Le drainage *régulier* ou *uniforme* consiste à placer les maîtres-drains dans les parties basses du terrain, et les drains secondaires par séries de lignes parallèles suivant la plus grande pente du terrain. Par cette disposition, on est assuré de recouper les couches agnifères, et de procurer un écoulement à l'eau qu'elles renferment.

Dans le drainage *irrégulier* on a surtout en vue de prendre l'eau aux points où elle s'élève du sous-sol pour paraître à la surface.

On peut souvent reconnaître au premier coup-d'œil le siége des sources, mais autant que possible, il vaut mieux étudier la constitution du terrain et s'en rendre compte par le sondage.

On établit un canal central ou plusieurs canaux principaux, selon les dimensions du terrain et ses variations de pente, évitant les angles ou coudes trop brusques. En général, les canaux principaux doivent entamer la surface du sol imperméable.

Les rigoles secondaires se tracent comme les canaux

principaux ; leurs jonctions avec ceux-ci se font obliquement, de manière que la vitesse des petits courants ne soit pas ralentie par leur réunion.

Le drainage régulier est généralement employé comme beaucoup plus simple pour le tracé des drains et convenant mieux pour les terres fortes où l'essentiel est de donner au sol un degré uniforme et convenable de perméabilité.

Le drainage régulier est également très-avantageux lorsqu'il s'agit de faire écouler des eaux retenues dans un terrain froid, par un sous-sol imperméable. Toutefois, dans ce dernier cas, le drainage irrégulier, bien exécuté, coûterait moins cher et pourrait avoir plus d'effet.

Quelle que soit la méthode appliquée, on doit se garder, autant qu'il est possible, de faire passer les lignes de drains, surtout les drains collecteurs, à moins de dix mètres des arbres dont les racines s'étendent au loin.

Dans le drainage irrégulier, on doit donner aux drains une assez grande profondeur pour que les tuyaux reposent dans la partie supérieure de la couche imperméable sur laquelle les eaux souterraines et les eaux pluviales sont retenues.

L'ingénieur anglais, M. Smith, à qui l'on doit la première opération du drainage, regarde une profondeur de 0,65 à 0,80 comme la meilleure pour la plupart des terrains, et une distance de 6 à 8 mètres comme le plus convenable entre chaque ligne.

Des personnes compétentes et expérimentées pensent qu'une profondeur d'un mètre vingt centimètres, à trois mètres soixante centimètres est plus efficace en permettant de laisser plus d'écoulement entre les tranchées.

Les principaux instruments dont on se sert pour le drainage sont, outre les bêches ou pelles ordinaires, des bêches au fer plus étroit et allant en diminuant, depuis la douille jusqu'au tranchant ; des pioches biscornues ou piémontaises, pour entamer les terrains pierreux ; des curettes ou écopes, servant à creuser les fonds concaves des drains ou à retirer des déblais ; une batte en fonte ou en bois dur pour dresser et parer la rigole, suivant le cours des tuyaux ; enfin des crochets et des pinces pour descendre les tuyaux et leur donner la position convenable.

Généralement, les tuyaux sont placés bout à bout ; quelquefois leurs extrémités s'engagent dans des colliers en terre d'un diamètre convenable, de 7 à 8 centimètres de longueur.

Les colliers sont employés dans tous les drainages bien faits.

Les tuyaux mis en place, on pose sur chaque joint une pelote d'argile, ou mieux une pierre polie, et on la recouvre d'une couche de 15 centimètres environ de terre argileuse que l'on détache de la partie inférieure des parois de la rigole, celle qui serait jetée d'en haut pouvant déranger les tubes. Le remplissage de la tranchée s'achève sans difficulté avec la terre qui en provient.

Il est important que l'eau ne pénètre dans les joints que sur les côtés ou par en bas, afin d'éviter l'obstruction des tuyaux.

Maintenant que nous avons étudié les moyens de débarrasser le sol des eaux qui peuvent le rendre impropre à la culture, examinons comment on peut les utiliser par l'arrosage et les irrigations.

DES IRRIGATIONS.

On nomme *irrigation* un arrosement en grand à l'aide duquel on supplée artificiellement à la nature.

En Lombardie, en Lorraine et dans les Vosges, on a fait d'immenses progrès sous le rapport des irrigations : elles sont très-communes dans la France méridionale où elles étaient d'une vraie nécessité. Non-seulement l'eau, en parcourant une prairie, donne la vie aux plantes en humectant leurs racines, mais encore elle dépose des limons, des stimulants, des matières organiques. Aussi, sur les sols pauvres, il est difficile d'obtenir de l'irrigation tous les bienfaits désirables, car l'eau n'y charrie pas d'engrais.

Le cultivateur ne doit jamais perdre de vue ces deux principes :

L'eau doit courir partout et ne séjourner nulle part ;

Il n'est pire eau que l'eau qui dort.

On doit donc étudier les effets de l'eau, que son séjour soit prolongé ou instantané : une petite quantité d'eau avec le soleil suffit pour obtenir de bons résultats. Son séjour trop prolongé, au contraire, tendra à métamorphoser la bonne nature des plantes, et les joncs ne tarderont pas à paraître.

Les meilleures eaux sont celles qui charrient beaucoup de limon, qui s'échauffent vite au printemps et conservent leur chaleur en automne ; les eaux froides, comme celles qui traversent les terrains argileux, sont défavorables.

On a constaté dans le Midi que, pour chaque arrosage, mille mètres cubes d'eau étaient nécessaires pour un hectare. Si la terre est argileuse, les arrosages doivent être rares et lents ; plus le terrain est siliceux, plus l'irrigation doit être fréquente.

L'eau ne doit pas toujours être dirigée vers les mêmes endroits, car elle empêcherait la chaleur d'avoir son influence sur le sol, et les herbes seraient longues et de mauvaise qualité. C'est en automne que l'on irrigue de préférence, car alors les eaux sont fertilisantes, et, comme à cette époque, on fume aussi les terres, il est donc important d'exécuter aussi le curage des rigoles.

Ordinairement on arrose un endroit pendant cinq à six jours, puis on reporte l'eau en d'autres points ; en hiver on ne doit pas se servir des eaux de pluie ou chargées de matières terreuses qui pourraient nuire à la végétation.

On connaît quatre genres d'irrigation :

1° Par submersion ; 2° Par reprise d'eau ; 3° Par infiltration ; 4° L'irrigation vosgéenne ou sur *ados*.

Irrigation par submersion. — On emploie ce mode lorsque les eaux sont vaseuses et sur des terrains plats. La partie irriguée est entourée de 3 fossés pour retenir l'eau sur place.

Près de grands fleuves, il arrive souvent que les prairies sont inondées naturellement.

Il faut dans l'un et l'autre cas, créer des canaux d'assainissement de manière à pouvoir au printemps retirer l'humidité surabondante.

Les eaux ne doivent séjourner que 6 à 8 jours sur le sol.

Irrigations par reprise d'eau. -- Elles sont quelquefois faciles à employer ; elles consistent à faire courir l'eau sur plusieurs parties bien nivelées, situées les unes au-dessous des autres. Les eaux, pendant l'hiver et pendant les orages, doivent être retenues dans un petit réservoir.

La principale rigole, creusée dans la partie supérieure du terrain, doit être un peu oblique à la pente. Les petites rigoles d'alimentation seront espacées de 30, 40, 60, 80, 100 mètres, selon la quantité d'eau dont on peut disposer.

Tous ces canaux seront parallèles et obliques à la pente, plus larges à leur commencement qu'à leur fin.

Lorsque les rigoles sont longues et que l'eau manque, on les divise en deux parties et l'on irrigue séparément.

Irrigations par infiltration. — Ces irrigations sont généralement suivies dans les pays méridionaux; elles consistent à faire arriver l'eau dans les rigoles sans déborder et à la faire pénétrer par infiltration dans les terres dont la pente doit être environ de 2 millimètres par mètres.

L'irrigation *vosgéenne* ou par *ados* demande une disposition spéciale du sol en planches convexes à la partie médiane desquelles on creuse une rigole. Une fois ce canal rempli, l'eau se déverse sur les deux côtés de la planche et va se perdre à droite et à gauche dans deux autres rigoles pour servir plus loin à l'irrigation d'autres planches.

Ce mode exige de nombreuses cultures; on l'emploie dans les Vosges où il triple et même quadruple la valeur des terrains.

Il faut s'abstenir de faire parquer le bétail dans les prairies irriguées, car le piétinement détruit le nivellement.

La quantité d'eau nécessaire, sa qualité et sa température, influent notablement sur les résultats de l'irrigation.

4

Un arrosage exige en moyenne 600 mètres cubes d'eau par hectare. Il faut deux ou trois arrosages pour les céréales et les légumes secs ; les prairies artificielles en exigent cinq ou six, les prairies naturelles de huit à quinze et il en faut un tous les six jours environ pour les jardins maraîchers.

Les eaux qui contiennnet du fer, de la chaux, du sel, sont nuisibles ; celles qui sont trop froides et peu aérées, qui proviennent de marais bourbeux passent pour peu fertilisantes. Les eaux qui contiennent beaucoup d'air, d'acide carbonique, et surtout celles qui sont chargées du limon et de jus de fumier sont excellentes.

CHAPITRE V.

Programme : — Instruments et machines agricoles. — Bêche. — Pioche. — Charrues. — Fouilleuse. — Buttoirs. — Extirpateurs. Scarificateurs. — Rouleaux. — Herse. — Houe. — Batteuse mécanique. — Faucheuse. — Constructions rurales. — Caves. — Écuries. — Étables. — Bergeries. — Porcheries. — Poulaillers. — Granges et Meules.

On appelle instruments aratoires ceux qui servent à labourer ; on se sert de la bêche et de la pioche pour les ouvrages à bras, et de la charrue pour les labours qui se font à l'aide de chevaux.

La *bêche* est un instrument trop connu pour que nous en fassions la description ; nous dirons seulement que le cultivateur et le jardinier doivent apporter le plus grand soin dans le choix de cet instrument ; avec mauvaise bêche, mauvais labour ; la forme, le poids, la longueur du manche, devront toujours être en rapport avec la taille et la force de l'ouvrier.

La *pioche*, connue sous les noms de *houe,* de *hoyau* ou de *pic,* suivant sa forme, sert à donner au sol des façons superficielles ou à opérer les défrichements. Dans les pays vignobles, on se sert d'une houe à deux longues dents plates pour piocher le sol entre les ceps ; avec cet instrument, on arrache facilement les pommes de terre et les carottes.

Une *charrue* (fig. 6.) se compose des six pièces principales suivantes :

La *flèche*, terminée à l'une de ses extrémités par deux manches, sert à maintenir la profondeur des sillons, et à faire tourner la charrue, lorsqu'arrivé à l'extrémité du champ, on veut ouvrir une raie nouvelle.

Le *talon*, qui glisse sur la terre dans le fond de la raie pendant que la charrue fonctionne et qui sert de trait-d'union entre la flèche et les autres parties de la charrue.

Le *soc,* fer ayant la forme d'une demi-lance, auquel dans quelques charrues on ajoute l'*avant-soc*, sert à ouvrir la terre et supporte tous les efforts de la charrue, ce qui y nécessite de fréquentes réparations.

Le *versoir*, dont la fonction est de retourner les bandes de terre enlevées par le soc, auquel il est rivé et dont il ne doit être que la continuation. On le fait quelquefois en bois, mais pour les terrains humides il doit être en fonte ou en fer forgé.

Le *coutre*, aussi nommé *couteau*, qui sert à couper verticalement la bande de terre entamée par le soc et retournée par le versoir ; il est fixé à la flèche, en alignement avec la pointe du soc, et doit pouvoir trancher les racines et livrer un passage plus facile au soc.

Le *régulateur* se fixe à la partie antérieure de l'age et sert à diriger la marche de la charrue.

L'*age* sert de support au régulateur, au coutre, à l'avant-soc. Il se construit en bois ou en fer.

Dans presque toutes les charrues on fait supporter la partie antérieure de la flèche par un *avant-train*, muni de deux roues dont on reconnaît maintenant l'inutilité et qui finira par disparaître entièrement.

Fig. 6. — Charrue en fer, de 3 m. 50 c. de longueur.

Nos meilleures charrues sont celle de Dombasle, celle de Grangé et celle de Rosé, portant toutes trois le nom de leur inventeur.

Mais la charrue la plus parfaite est celle de Brabant, usitée aujourd'hui dans tout le nord de la France.

Quand le sous-sol est de mauvaise nature, et qu'on veut éviter de le ramener à la surface et de le mélanger à la terre arable, on se sert d'une espèce de charrue sans versoir nommée charrue *fouilleuse*, qui passe à la suite d'une autre et dont le soc fouille les sillons sans en déplacer la terre.

L'époque où l'on doit labourer la terre varie suivant le climat et le degré d'humidité du sol. On ne peut donc la préciser d'une manière générale. L'expérience seule indique au cultivateur le moment favorable, moment qu'il doit bien se garder de laisser échapper, car c'est en agriculture surtout que l'on doit faire chaque chose en son temps.

On laboure les terres qui sont *fermées*, c'est-à-dire couvertes d'une croute plus ou moins dure, afin de les mettre au contact de l'air : ce sont alors des labours d'*aération*. Les autres labours ont pour but de purger la terre de ses mauvaises herbes, et on les appelle labours de *nettoyage*.

On laboure à plat, en planches ou en billons.

Le labour à plat convient aux terres unies et peu humides ; il consiste à renverser les bandes de terre les unes contre les autres. La terre ainsi labourée présente partout une surface unie.

Souvent on divise en planches le champ qu'on a d'abord labouré d'une seule pièce. Ces planches sont généralement bombées au milieu ; les rigoles qui les séparent sont ouvertes à la charrue et creusées à l'aide de la bêche. On facilite ainsi l'écoulement des eaux.

Les billons sont des planches étroites et bombées entre lesquelles on laisse, de distance en distance, des raies d'égouttement. Ce système de labour, adopté dans l'ouest de la France, tend à disparaître surtout depuis l'invention du drainage.

Outre les labours, le sol doit encore recevoir certaines façons indispensables qui nécessitent l'usage de divers instruments connus sous le nom de *buttoirs, extirpateurs, scarificateurs, rouleaux, herse, houe à cheval*, etc., dont nous allons donner un aperçu succint.

Le *buttoir* ressemble à une charrue ; il est accompagné de deux versoirs et sert à butter certaines plantes, comme la pomme de terre et le maïs, ou encore à ameublir les terres fortes. Il se manœuvre comme une charrue ordinaire.

L'*extirpateur*, ainsi que son nom l'indique, sert à extirper les mauvaises herbes, ou à empêcher la terre de se fermer par l'effet de la sécheresse. Il se compose d'un châssis triangulaire porté sur trois roues ou sur une seule, et garni de traverses à chacune desquelles est adapté un certain nombre de socs tranchants destinés à entraîner avec eux les racines.

4.

Le *scarificateur* consiste en un cadre en forme de carré long, armé de couteaux ; il sert à pulvériser le sol en le soulevant sans le retourner. Les couteaux dont il est muni se déplacent comme ceux de l'extirpateur, et peuvent servir aux deux instruments à la fois.

La *houe à cheval* est employée pour les terrains ensemencés en ligne au moyen du semoir ; il sert au sarclage et au binage des plantes, opérations importantes que l'on doit faire subir aux céréales, aux carottes, aux betteraves, aux pommes de terre, avant la floraison des mauvaises herbes.

La *herse,* véritable rateau des campagnes, est composée d'un cadre en forme de trapèse, dont les traverses sont armées de dents en bois ou en fer à l'aide desquelles on complète le travail de la charrue.

Elle est parfois remplacée par un gros fagot d'épines attaché à une pièce de bois chargée de pierres.

Les *rouleaux* servent à raffermir et à égaliser la surface des terres, soit avant soit après les semailles. Ils sont en bois, en pierre ou en fonte. Ces derniers doivent être creux ; ils sont tantôt formés d'une seule pièce, tantôt de plusieurs tronçons tournant autour d'un axe commun. On ne doit s'en servir que lorsque la terre est bien ressuyée.

On peut certainement obtenir de bonnes récoltes sans tous ces instruments ; mais les résultats qu'on en obtient couvrent et au-delà les dépenses qu'ils occasionnent par leur achat et leur entretien. La terre n'est pas ingrate, et elle produit toujours en raison des soins qui lui sont donnés par ceux qui la cultivent.

On introduit, depuis quelques années, l'usage de la machine à vapeur pour remplacer les chevaux. Les expériences faites jusqu'ici ont été satisfaisantes tant comme rapidité d'exécution que comme qualité du travail. Ainsi, la batteuse mécanique, mue par une locomobile, est aujourd'hui très-répandue dans la grande et la petite culture. Il en est de même du *semoir* dont on trouve la figure au commencement de ce volume.

Pour la moisson, on se sert de la *faux,* de la *sape* et aussi de la *moissonneuse* mécanique employée avec succès depuis quelques années dans les grandes exploitations.

Fig. 7. — Moissonneuse mécanique.

CONSTRUCTIONS RURALES.

Une construction rurale doit comprendre l'habitation du fermier et de sa famille ; celle des serviteurs de la ferme, les bâtiments destinés aux animaux domestiques, enfin ceux qui servent à la conservation et à la préparation des denrées.

Une ferme doit posséder une cave, des écuries, des étables, des bergeries, des porcheries, des poulaillers, des granges, des greniers à blé et à fourrage, une laiterie, un fruitier, une remise pour les outils, un four, un fournil, des ruches, un puits, un abreuvoir, une fosse à fumier.

Les bâtiments doivent être avant tout en rapport avec l'étendue du domaine, s'il y a insuffisance, le fermier sera gêné ; si les bâtiments sont trop nombreux ou trop étendus, il sera tenu à des réparations, et à un entretien coûteux et inutile.

On ne peut pas toujours choisir dans un domaine l'emplacement le plus convenable pour y construire l'habitation, mais autant que possible, on s'établira au centre de l'exploitation dans une position un peu élevée, à proximité d'une source ou dans un endroit où l'on pourra facilement creuser un puits.

Si l'on ne pouvait rencontrer toutes les conditions de salubrité désirables, il faudrait recourir au drainage pour détruire l'humidité ; on assainirait l'air, s'il y a lieu, au moyen de plantations d'arbres ; on placerait les portes et les fenêtres du côté opposé aux sources de mauvais air ; en un mot, on prendrait toutes les précautions hygiéniques recommandées en pareille circonstance.

L'humidité des bâtiments est souvent causée par la nature du sol, quelquefois aussi elle est occasionnée par les pluies et les vents dominants ; dans le 1er cas, il faut assainir le terrain soit par le drainage, soit par un carrelage posé sur un lit de charbon de bois pulvérisé, de tan ou de sciure ; dans le 2e cas on supprimerait toutes les ouvertures exposées au vent et à la pluie, et on en ouvrirait sur les autres façades du bâtiment.

Les *caves* doivent être creusées dans un terrain très-sain où l'eau ne puisse pénétrer ; elles seront voûtées en plein cintre, enfoncées de 4 mètres environ, éloignées du passage des voitures et de tout atelier où les ouvriers ébranlent le sol, car les coups répondant jusqu'aux bouteilles et aux tonneaux, les fluides qu'ils contiennent se gâtent rapidement. Il faudrait éviter aussi le voisinage des égoûts, des latrines, des trous à fumier, dont les émanations pénètrant dans les caves, nuisent aux substances qu'elles contiennent.

Les *écuries* sont les logements destinés aux chevaux, aux mulets et aux ânes.

La quantité d'air nécessaire à la respiration d'un cheval est de 25 à 30 mètres cubes. Lorsque l'écurie est sur un rang, chaque animal doit occuper un espace ayant 1 mètre 75 de large sur 4 mètres de longueur, y compris la crèche, la mangeoire et le passage. La hauteur des écuries devrait être de 4 mètres.

L'écurie doit contenir un lit pour le domestique et un coffre pour mettre l'avoine. Les harnais pourront être placés vis-à-vis de chaque cheval.

Pour une écurie sur 2 rangs, la longueur affectée à chaque cheval peut être diminuée, mais il vaut toujours mieux pécher par excès que par défaut.

Un cheval dont les mouvements ne sont pas gênés et qui n'est point touché par son voisin se porte mieux que celui qui est pressé et serré de tous côtés. On doit mettre entre deux une séparation solide et continue de manière à ce que le cheval puisse se coucher quand il veut et qu'il soit à l'abri des atteintes des autres.

L'obscurité fait du tort à la vue des chevaux ; les écuries doivent donc être éclairées pour qu'ils ne s'effraient pas de la lumière en sortant.

L'auge que l'on appelle encore *crèche* ou *mangeoire* est un bac en pierre qui sert à mettre l'avoine, le son, les féverolles, etc. ; elle doit être placée à une hauteur de 1 mètre 20 à 1 mètre 30 selon la taille des animaux. Les rateliers destinés à recevoir le foin sont scellés au mur au-dessus des mangeoires qui reçoivent ainsi la graine des fourrages.

Le sol des écuries doit être sain et exempt de toute humidité ; il sera pavé et disposé de manière à faciliter l'écoulement du purin. Enfin l'air pourra être renouvelé à l'aide d'ouvertures destinées à produire des courants et placées au-dessus du plafond.

Les portes d'entrée auront de 1 mètre 20 à 1 mètre 30 de largeur sur 2 à 2 m. 50 de hauteur ; une porte à claire-voie extérieure pour donner de l'air et arrêter les poules qui iraient manger l'avoine et laisser en place des plumes dans les auges, serait très-utile.

Les *étables* ou les logements des bêtes à cornes, doivent être construites de manière à ce que chaque bœuf ou vache puisse disposer d'un espace ayant 1 mètre 50 de large sur 4 mètres de long. La hauteur de l'étable sera de 4 mètres, ce qui présente une capacité de 24 mètres cubes d'air pour chaque animal.

Les mangeoires, construites en pierres ou en briques seront dallées afin d'y maintenir la propreté ; elles seront aussi plus larges que celles des écuries.

Une étable simple a ordinairement 4 mètres 50 de largeur, et une étable double 7 à 8 mètres.

Les *bergeries* doivent être bien aérées, car les moutons ne peuvent prospérer dans une atmosphère malsaine. On compte 1 mètre carré de surface pour chaque brebis et 0 mètres 75 centimètres carrés pour chaque agneau.

Le sol des bergeries doit être parfaitement sec, pavé autant que possible et recouvert d'une couche de sable ou de marne que l'on remplace de temps à autre.

Les rateliers sont placés à la hauteur du dos de l'animal, scellés dans la longueur au mur ou placés au milieu de la bergerie.

On appelle *porcherie* ou toit à porcs, l'emplacement occupé par les cochons.

Ces loges donnent généralement sur la cour de la ferme afin d'y lâcher plusieurs fois par jour ces animaux qui réclament beaucoup d'air.

Le porc n'aime pas à vivre dans l'ordure, comme on le pense ; on peut remarquer au contraire qu'il choisira toujours une place propre pour se coucher ; il devra donc être nettoyé souvent.

Cet animal est destructeur par excellence ; il aime à fouiller la terre, son logement a besoin d'être solidement construit et pavé en pierres dures, à la chaux hydraulique, si on peut s'en procurer.

Chaque loge aura trois mètres carrés environ et 2 m. 50 de hauteur.

Les mangeoires seront construites en pierre et encaissées dans la maçonnerie des loges.

Les *poulaillers* doivent être construits sainement et entretenus avec une propreté toute particulière.

Ils auront une fenêtre au levant, une autre au midi, avec un jour au nord pour les rafraîchir pendant l'été ; ces couvertures seront munies de grillages destinés à fermer le passage aux chats, aux fouines et aux putois, ennemis de la volaille.

L'intérieur sera garni de perchoirs ronds et lisses, en quantité suffisante pour que chaque poule puisse y occuper une place de 0 mètre 15 centimètres. On y mettra aussi des nids pour les couveuses.

Les *granges* sont destinées à recevoir les céréales depuis le moment de la récolte jusqu'à celui du battage. Ces bâtiments sont inutiles dans le Midi où l'on bat le blé en plein air après la moisson, et où les pailles sont mises en meules.

Les granges doivent être d'un abord facile, ayant une porte charretière de grande dimension.

Vu l'absence des planchers et les grandes dimensions de la charpente, les murs ont besoin d'une forte épaisseur.

Les *meules*, comme auxiliaires indispensables des granges, rendent le plus grand service aux cultivateurs.

Pour faire une meule, on trace l'emplacement circulaire dont le diamètre est d'environ 8 mètres pour 5 à 600 bottes, de 7 mètres pour 4 à 500, et ainsi de suite.

Le sol est d'abord garni d'une couche de paille, fanes, colza, etc., de 50 à 60 centimètres d'épaisseur. La première assise se nomme le *soustrait*. Immédiatement au-dessus, on établit un premier rang commençant par une seule gerbe posée debout au centre, et à partir de laquelle toutes les autres se posent successivement en s'inclinant de plus en plus, de manière à se trouver à plat, une fois arrivées à la circonférence.

La masse repose ainsi sur une espèce de pivot autour duquel toutes les gerbes sont placées dans une position symétrique ; on met ensuite les gerbes les unes sur les autres, en ayant soin de les entrecouper, de manière à ce qu'elles se lient parfaitement entre elles.

La surface du toit doit être exactement conique, afin que l'inclinaison soit toujours la même partout, et que l'eau ne puisse pénétrer dans la meule, et y causer de grands dommages.

La couverture se fait en chaume ; on attend huit à dix jours, afin de laisser opérer le tassement, sans quoi la meule ne résisterait pas aux grands vents.

On pose d'abord l'*égout*, saillie en paille implantée tout autour de la meule, à son plus grand diamètre, de manière à établir une distinction entre le toit et le corps proprement dit.

La couverture se fait ensuite à peu près comme pour une toiture ordinaire en chaume. Le prix de la main d'œuvre est de 0,05 c. par mètre carré, et ne dépasse guère 15 à 20 francs pour des meules de 5 à 6000 gerbes.

Les *greniers à blé* doivent être placés dans les étages supérieurs des bâtiments d'habitation, au-dessus des hangars, des remises, des bûchers ; jamais au-dessus des écuries et des étables. Leur disposition doit permettre de les aérer facilement.

Les planches qui supportent les greniers à blé ont besoin d'une grande solidité, de manière à pouvoir supporter 500 kilogrammes environ par mètre carré,

Le blé exigeant de fréquentes manutentions, on ne doit pas l'amonceler à une grande hauteur dans les premiers temps. L'épaisseur est de 40 à 50 centimètres pour le blé de la première année, et de 60 à 70 pour celui de la deuxième.

Les greniers à fourrage se placent souvent au-dessus des écuries et des étables. Quand on doit opérer sur une grande quantité, il est préférable de construire des meules, plutôt que d'enfermer les fourrages dans les bâtiments.

Les *silos* sont des fossés où le blé se conserve, privé d'air et de lumière, et à l'abri des insectes nuisibles.

La forme des *silos* importe peu ; l'essentiel est que l'eau n'y pénètre pas. Les parois doivent être garnis de paille, pour préserver le grain de l'humidité. Le fond doit être à claire-voie, ou établi sur un sol très-perméable.

Les *silos* peuvent aussi être appliqués à la conservation des autres produits alimentaires, tels que les pommes de terre, les carottes, les navets, etc.

Les *laiteries* demandent à être convenablement construites, et tenues avec intelligence et propreté. Elles n'ont pas toujours la même destination, car tel fermier a plus d'avantages à faire du beurre et du fromage qu'à vendre son lait, et réciproquement.

La laiterie à lait se compose ordinairement de deux pièces ; dans la première, on dépose le lait ; dans la seconde, on lave les ustensiles et on les fait sécher. Ces pièces doivent être carrelées en pente, pour l'écoulement des eaux, et garnies de tables et madriers pour y déposer les vases pleins ou vides.

Les laiteries à fromage demandent en plus une troisième pièce pour y serrer les produits, laquelle doit être exempte de toute humidité et exposée au midi autant que possible.

Les autres constructions rurales sont tellement connues, que nous nous abstiendrons d'en faire une description qui n'aurait aucune utilité pour nos lecteurs.

CHAPITRE VI

Programme : — Méthodes et procédés de culture : Système pastoral. — Mixte. — Arable. — Alternat.— Des étangs. — Maraîcher-Horticole.— Grande, petite, moyenne culture.

I

L'agriculture, comme beaucoup de choses ici bas, ne saurait être soumise à une loi générale. Elle s'est modifiée chaque jour, suivant le temps, les lieux et les circonstances ; son histoire est intimement liée à celle des peuples.

Nous croyons utile de jeter un coup d'œil sur la marche que cette science a suivie en présence de l'augmentation de la population, de produits nouveaux et de mille autres causes, dont le détail ne peut trouver place dans un ouvrage élémentaire.

SYSTÈME PASTORAL.

Abandonnée à elle-même, la terre se compose de végétaux différents, selon la profondeur, la nature et l'humidité du sol : ici, ce sont de vastes forêts ; là, des bruyères, des landes ; plus loin des pâturages ; quelquefois enfin des plaines desséchées en été, verdoyantes en hiver ; des sables arides ou des rochers couverts de lichens. Ainsi était la nature brute et sauvage dès les premiers temps du monde.

Cet état de choses que l'on rencontre encore de nos jours dans toutes les contrées inhabitées ne dura généralement qu'un temps fort court : bientôt l'homme asservit les animaux jusqu'alors sauvages pour en former des troupeaux domestiques ; il mit ensuite le feu aux forêts pour avoir des pâturages ; enfin de chasseur qu'il était, il devint pasteur.

Les troupeaux formèrent alors la principale richesse des premiers hommes, auxquels ils permirent d'utiliser à peu de frais les produits spontanés de la terre.

Aujourd'hui, l'élevage des bestiaux convient encore aux pays pauvres, et aux populations peu nombreuses par rapport à la superficie des terrains qu'elles occupent ; il convient aussi aux pays vivant sous le régime de la force brutale et dépourvus de tout moyen d'assurer la sécurité des travailleurs.

Dans l'Amérique du Sud, il existe d'immenses étendues de pays parsemées de quelques bouquets d'arbres et couvertes d'herbes, où paissent d'innombrables troupeaux de bœufs et de chevaux sauvages : là, il est de toute nécessité que le cultivateur mette ses richesses sous une forme telle, qu'il puisse les soustraire aisément aux tentatives des ennemis où des maraudeurs.

Quelle forme remplit mieux ces conditions que des troupeaux d'animaux à demi-sauvages, sobres, endurants et vigoureux ? S'il est difficile d'obtenir de grands produits, ils ont au moins assez de force pour parcourir en peu de temps de vastes étendues de pays, ce qui leur permet à la fois de trouver leur nourriture dans ces régions, où la pousse des herbes n'est pas toujours abondante, et d'échapper plus facilement aux poursuites des pillards qui pullulent dans ces contrées, où le cultivateur doit toujours être prêt à se défendre où à fuir.

Il est à remarquer que partout où le sol est couvert de vastes forêts vierges, la population est pauvre et peu nombreuse ; les hommes y vivent à l'état sauvage, du produit de leur chasse, sans aucune industrie agricole.

Aujourd'hui même, en Europe, toutes les fois que la valeur des produits du sol est très-faible relativement à la main-d'œuvre et des capitaux, il y a un grand intérêt pour le cultivateur à élever des bestiaux : il donne ainsi, dans la production, la part la plus grande au produit le moins coûteux.

Cependant, comme il faut bien procurer du travail à

une population qui ne cesse de s'accroître, on a été porté de bonne heure, pour parvenir à ce but, à convertir les pâturages en champs cultivés. Souvent aussi l'étendue de bonne terre que possède le cultivateur est insuffisante ; alors, il défriche des prairies ; et quelque minime que soit le revenu qu'il en tire, ce revenu, joint à celui qu'il obtient annuellement de ses bonnes terres, lui procure un accroissement de ressources dont il ne jouirait pas s'il n'augmentait par ce moyen la somme de ses occupations.

DE LA CULTURE MIXTE.

La culture des prairies, dont nous venons de parler, n'était praticable que sur une grande étendue d'un terrain dépeuplé, et jouissant de la faculté de se couvrir facilement d'herbages. L'accroissement de la population a dû nécessairement diminuer ce genre de culture, et mettre un terme à la vie nomade dont nous parle l'Histoire Sainte à l'occasion des patriarches.

Et alors, la terre, au lieu d'appartenir à tous, ce qui permettait des migrations continuelles, devint la propriété d'un certain nombre d'hommes qui cherchèrent à tirer le meilleur parti possible du sol qu'ils s'étaient appropriés.

De là, vint la culture des céréales, et par suite l'invention de la charrue, sans laquelle cette culture ne pouvait ni se perfectionner ni s'étendre.

Dans l'origine, la charrue était mal conformée ; et malgré son immense supériorité sur les instruments dont on s'était servi jusqu'alors, elle ne produisait qu'un bien faible travail.

Aussi la culture des céréales ne donna, à son origine, que de minimes produits ; le travail se faisait à peu près entièrement à bras d'hommes, et il fallait que , dans chaque famille, tout le monde s'occupât forcément de la terre.

Le cultivateur n'avait pas d'autre moyen de remédier à l'épuisement du sol que de changer chaque année la place de son champ. Lorsqu'il avait enlevé à la terre tous les éléments de sa fécondité naturelle, il l'abandonnait à elle-même, et la laissait se couvrir d'herbes ; puis il attendait que grâce à l'action des éléments et de la végétation qui l'enrichissait de ses débris, cette terre retrouvât sa première fécondité et se prêtât à de nouveaux ensemencements.

Ce mode est encore suivi par les Arabes du Nord de l'Afrique. La culture, chez ces peuples, est extrêmement simple ; en été, ils mettent le feu aux herbes qui recouvrent le sol ; ils sèment le grain, et donnent ensuite un labour très-léger.

Ils obtiennent de cette façon huit à dix hectolitres de froment ou d'orge par hectare ; puis ils laissent reposer le reste de leurs terres et s'en servent pour faire pâtu·er leurs troupeaux.

Dans les Maremmes, en Italie, on suit encore aujourd'hui un système de culture analogue.

Dans cette région, d'une grande étendue, on rencontre quelques fermiers nomades qui cultivent le blé et élèvent le bétail leur appartenant en propre.

En hiver, ils font paître les moutons ; l'été arrivé, les moissons sont faites par des ouvriers qui descendent des montagnes. Aussitôt le travail achevé, ces ouvriers se hâtent de fuir devant la *malaria*, ou fièvre pestilentielle dont ils emportent le germe, et qui les décime, même après leur départ.

Alors les Maremmes deviennent un désert où l'on ne voit que quelques hommes, moitié pasteurs, moitié bandits, vêtus de peaux grossières et non tannées, armés de lances, conduisant à cheval de nombreux troupeaux de buffles et de bœufs.

En France, le système mixte de culture est encore très-répandu dans l'ancienne province du Poitou, que l'on appelle la Gâtine ou Bocage (Deux-Sèvres). Dans ce pays, l'agriculture consiste presque uniquement dans les pâturages, et la culture des terres y est si restreinte qu'elle doit à peine y être comptée.

On trouverait encore en France d'autres exemples de ce même système de culture, mais elle n'est généralement appliquée qu'à des contrées pauvres et peu peuplées.

SYSTÈME ARABLE.

Nous avons vu que la nature, au début, jouait le principal rôle dans la production, et que le travail de l'homme y était, pour ainsi dire, compté pour rien. Mais à mesure que la population s'accroît, et que, par suite, la valeur de la main-d'œuvre diminue, le travail de l'homme tend de plus en plus à remplacer l'action de la nature, et nous voyons bientôt sa main prendre la suprématie sur l'agriculture.

A mesure que les besoins grandirent, et qu'on dut augmenter l'étendue des champs cultivés, les récoltes de céréales se rapprochèrent nécessairement, et au lieu de reparaître tous les 6, 8 ou 10 ans, elles durent revenir sur le même terrain au bout de 3 ou 4 ans.

Dans les contrées favorables aux herbages, cela n'eut point une influence fâcheuse, mais dans les pays moins propres à la culture des prairies, cet accroissement forcé des terres arables eut des conséquences différentes :

La terre n'avait plus le temps de s'enherber ; elle ne fournissait plus que de maigres pâturages, dont le défrichement devint de moins en moins avantageux, car les prairies ne pouvant nourrir les animaux aussi bien qu'auparavant, il y avait moins d'engrais, et le sol allait s'appauvrissant de plus en plus.

C'est alors qu'on songea à un nouveau système de culture, avec jachères, pour détruire les mauvaises herbes et rétablir la fécondité de la terre.

Mais il fallait aussi nourrir un nombreux bétail afin d'avoir le plus d'engrais possible pour les terres destinées aux céréales ; on laissa donc en herbages permanents ou prairies, les terres dont la fraîcheur était essentiellement propre à cette production naturelle.

Le système arable, ou système de jachères, est donc celui où le sol étant appelé à produire une ou deux années consécutives, on lui accorde ensuite une année de repos, pendant laquelle la terre est soumise à des labours, dans le but de la mettre en contact avec l'air et de la débarrasser en même temps de toute végétation, qui l'épuiserait sans utilité pour le cultivateur.

SYSTÈME CÉRÉAL ET FOURRAGER OU ALTERNAT.

Comme nous venons de le voir, le système arable consomme la séparation des terres proprement dites d'avec les pâturages. Toute exploitation agricole est alors partagée en plusieurs lots, les uns, à la production permanente des céréales, les autres à la production permanente des herbages. Les prairies deviennent ainsi la base essentielle de l'assolement triennal, puisque le cultivateur y trouve de quoi entretenir son bétail et se procure du fumier.

Ce système est, de tous ceux que nous avons examiné, celui qui exige au plus haut degré l'intelligence du cultivateur, les bras des ouvriers, l'argent, la force des animaux, et la puissance des machines.

Il exige encore de grands capitaux, beaucoup de main-d'œuvre, une instruction variée et profonde, la connaissance des affaires commerçiales jointe à la pratique de la culture.

L'étude de ce système serait fort intéressante, mais elle n'est pas du ressort d'un ouvrage élémentaire.

Nous nous contenterons d'en donner une courte explication.

Dans le système arable, ce qui est prairie reste prairie; ce qui est terre arable reste terre arable. Dans la culture alterne, au contraire, tout se confond, de telle sorte que le terrain qui produit des plantes fourragères, porte des céréales l'année d'après ou l'une des suivantes.

Il résulte de là une continuelle alternation entre les deux espèces de produits et la possibilité de pouvoir cultiver les plantes commerciales et industrielles, comme la betterave, la garance, le tabac, l'œillette, etc.

C'est cette succession non interrompue de plantes diverses sur le même sol qui a reçu le nom de *rotation*, et qui a fait donner à l'ensemble de tout le système celui d'*alternat*.

SYSTÈME DES ETANGS.

Dans ce système encore le cultivateur épuise la fertilité naturelle de la terre par plusieurs années de culture et la lui laisse ensuite recouvrer par l'immersion des eaux pendant un temps plus ou moins prolongé.

Dans un pays où la constance de l'humidité, la nature du sol et la douceur des hivers facilitaient la croissance des plantes propres à former des pâturages, et permettaient aux bestiaux de paître presque toute l'année sans interruption, comme par exemple dans la majeure partie de la Grande-Bretagne, les avantages du système mixte, furent promptement appréciés, et ce système y fut généralement suivi.

Mais, au contraire, dans les pays où la nature du sol, les alternatives de sécheresse et d'humidité et la rigueur des hivers ne permettaient de compter sur des pâturages abondants et continus, et où, par suite de la configuration et de la conformation du sol, les eaux de pluie pouvaient être facilement retenues de manière à former des étangs susceptibles de donner presque sans culture différents produits, le système mixte a fait place au système des étangs.

Ce dernier système est en usage dans plusieurs parties de la France, dans la Brenne (Indre, dans le Forez (Loire), dans la Sologne (Loir-et-Cher) et enfin dans les Dombes (Ain), sur une surface de près de deux cent mille hectares.

Il offre de grands avantages aux pays où la main-d'œuvre est chère, puisqu'il permet de tirer parti du sol avec peu de travail et sans engrais.

Cette culture se fait partout de la même manière ; dans certains pays on laisse le sol constamment en eau, et alors les étangs fournissent un pâturage abondant, outre le produit en poissons, dont la vente est facile auprès des grandes villes.

Ailleurs, les étangs produisent de bonnes récoltes de grains et de paille dans la saison d'*assec* ou de culture, et ils donnent, outre le poisson, un pâturage aux animaux de la ferme dans les temps d'*évolage* ou d'eau.

Il est des contrées où les étangs sont d'une utilité publique, en ce qu'ils alimentent les canaux dont ils facilitent la navigation ; dans d'autres, ils sont employés au flottage des bois pour l'approvisionnement de Paris ; ce qui a lieu depuis que l'on est parvenu à faire verser leurs eaux dans de petites rivières qui deviennent ainsi flottables pour porter dans les plus grandes des bois dont, auparavant, on ne pouvait trouver le débouché.

La culture bien entendue des étangs peut doubler la valeur du sol ; malheureusement elle n'est pas sans entraîner de graves inconvénients.

En effet, les étangs qui sont alimentés par les eaux de pluie compromettent la salubrité et engendrent des fièvres qui déciment les populations voisines.

L'intérêt de la santé publique réclamerait plutôt le dessèchement des étangs ; cette mesure intéresse également la prospérité matérielle du pays ; car souvent les étangs recouvrent un sol de bonne qualité, très-profond, qui, une fois desséché, donnerait des produits abondants.

D'autant plus que, depuis la concurrence que la facilité des communications permet aux poissons de mer de faire aux poissons d'eau douce, les bénéfices de la pêche tendent à diminuer tous les jours.

Le moment est donc favorable pour la suppression des étangs, et il faut espérer que les essais qui ont déja été tentés dans certaines parties de la France, finiront par aboutir à d'heureux résultats.

SYSTÈME MARAICHER ET HORTICOLE.

Cette culture est celle qui exige le plus d'argent et de main-d'œuvre, mais c'est aussi celle qui sait tirer le plus grand produit possible de la plus petite surface de terre, qui le fait consommer de la manière la plus avantageuse et qui peut nourrir sur une surface donnée la plus nombreuse population.

Le système horticole a pour but de produire des denrées consommables par l'homme et d'arriver à se passer de bestiaux, à condition que l'homme remplacera le bétail dans la production des engrais, et qu'il pourra seul rendre à la terre sa fécondité.

En Chine, où ce système est en vigueur sur une grande échelle, on recueille avec soin tous les excréments de l'homme, on les fait pétrir avec de l'argile et on en fait des mottes que l'on sèche à l'air ; c'est alors le *taffo*, qui forme, pour les grandes villes, un commerce important.

Malgré tous ses avantages, le système horticole présenteraitde grands inconvénients, s'il était suivi d'une manière absolue ; son application exigerait tant d'argent et de main-d'œuvre, qu'elle absorberait tous les capitaux et les bras de la nation. Quel serait alors le sort d'un tel peuple, absorbant tout pour vivre, consommant à mesure les produits du sol et ne pouvant fournir de secours à l'Etat, ni en hommes, ni en argent ?

En Chine, où, comme nous le disions tout à l'heure, ce système prédomine, la misère est extrême parmi les classes pauvres et n'est tempérée que par les famines qui déciment la population, et par l'usage barbare de l'exposition des enfants.

Il ne faudrait pas croire que les différents systèmes de culture se soient toujours succédé dans l'ordre que nous les avons présentés ; le plus souvent, ils ont existé même simultanément.

Disons, en terminant, que tout système de culture est bon lorsqu'il est appliqué avec intelligence et qu'il se trouve en rapport avec les circonstances où l'on est placé.

La plus grande erreur dans laquelle on puisse tomber est de voir, dans tel ou tel système, la perfection absolue et de vouloir l'appliquer partout et à tout prix ; ce serait là une source de nombreux mécomptes.

II

ÉCONOMIE RURALE.

L'économie rurale est une science généralement peu connue. On la confond souvent avec l'agriculture proprement dite, et cependant il existe entre ces deux branches une différence essentielle bien tranchée.

L'économie rurale embrasse dans son domaine un ordre d'idées plus élevé. Pour bien produire il ne suffit pas à l'agriculteur de posséder parfaitement les méthodes les plus certaines de productions, il ne lui suffit même pas d'avoir acquis avec les années, l'expérience de la partie matérielle de son art, il faut encore, il faut surtout, qu'il sache se rendre compte des circonstances économiques au milieu desquelles il se trouve placé. L'abondance et la bonté des capitaux et de la main-d'œuvre, l'étendue ou le manque de débouchés, la perfection ou l'imperfection des voies de communication et des moyens de transports, la nature du commerce, l'aisance ou la misère des populations agricoles et d'autres circonstances de ce genre, indépendantes des actes et de la volonté du cultivateur, n'en exercent pas moins en lui une influence immense qu'il doit savoir apprécier et dont il ne doit jamais oublier de tenir compte.

Il faut enfin que l'agriculteur connaisse la nature de l'importance des capitaux qui constituent une exploitation rurale et les rapports qui doivent exister entr'eux afin d'en faire un emploi convenable et raisonné. En un seul mot, la science de l'administration de la ferme est tout aussi indispensable au cultivateur que la science de la production.

L'économie rurale ou l'art d'administrer le domaine rural a précisément mission d'étudier toutes ces choses et de donner ainsi aux cultivateurs le moyen d'apprécier matériellement et moralement les résultats de ses générations culturales.

L'agriculture peut bien apprendre au cultivateur à produire, mais l'économie rurale seule peut lui apprendre à produire utilement. L'économie rurale est donc l'étude de différents rapports existant entre les éléments variés qui constituent une exploitation agricole ; c'est la recherche des capitaux qu'on y rencontre sous diverses formes : engrais, bestiaux, fourrages, mobilier, outils, instruments et machines. C'est enfin l'étude des principes propres à guider le cultivateur dans les opérations délicates et complexes que nécessite son industrie.

La nature et l'étendue de cet ouvrage ne nous permettent pas d'entreprendre de longs développements. Nous traiterons seulement les points essentiels, dont toute personne qui entreprend la culture doit s'inquiéter. Le choix d'un système de culture, le mode de faire valoir, et les assolements.

Le cultivateur est rarement libre de choisir le système de culture et le mode de faire valoir qui lui conviendraient le mieux. Ce choix lui est imposé le plus souvent par des circonstances impérieuses dont il ne saurait s'affranchir sans danger. Il faut donc avant tout, qu'il connaisse ces circonstances et en sache apprécier toute la gravité.

Grande, petite et moyenne culture.

Dans l'origine, l'industrie rurale était extrêmement simple et présentait partout à peu près les mêmes caractères.

Mais à mesure que les populations se sont groupées pour former des nations distinctes, des exigences nouvelles, des besoins nouveaux se sont révélés, et l'agriculture a dû se transformer et revêtir successivement différentes formes.

Parmi ces formes, il en est trois qui méritent notre attention. Nous voulons parler de la grande, de la petite et de la moyenne culture.

On entend par grande culture celle dans laquelle le propriétaire ne met pas lui-même la main à l'œuvre et s'occupe uniquement de la direction de son exploitation.

La moyenne et la petite culture sont celles dans lesquelles le cultivateur met, ou doit mettre lui-même la main à l'œuvre et participer à tous les travaux, avec cette différence toutefois que dans la moyenne culture, il est obligé de s'associ er des ouvriers **é**trangers à sa famille, tandis que dans la petite culture, il suffit seul aux travaux de son domaine.

Nous allons examiner avec plus de détails, chacune de ces trois formes de culture.

DE LA PETITE CULTURE.

Dans la moyen ne ou la petite culture , le même homme doit faire, à peu de choses près, tous les genres de travaux, labourer, semer, battre au fléau, faucher, soigner les animaux, etc. Dès lors, il ne peut se perfectionner en rien, parce qu'il ne fait aucun genre de travail assez longtemps de suite.

Enfin, il perd beaucoup plus de temps qu'on ne serait tenté de le croire en passant continuellement d'un travail à un autre et en changeant d'outils et d'ateliers souvent plusieurs fois dans la même journée.

Mais un des avantages attachés à la petite culture, c'est de faire intervenir constamment dans le travail, des ouvriers intéressés à sa bonne exécution et à sa rapidité, car le cultivateur suffit seul avec sa famille aux travaux de la ferme.

C'est là un avantage incontestable et que la grande culture ne possède pas ; mais il en existe un autre bien reconnu.

Grâce au nombre plus considérable de travailleurs réunis sur une surface donnée de terrain, et à la constance plus opiniâtre du travail, le sol donne plus de produits.

Les pays de petite culture se distinguent en effet par l'abondance, la variété et la non-interruption des denrées de consommation qu'elles produisent et par la nombreuse population que ces ressources lui permettent de nourrir sur une certaine surface de terrain.

Il suffit de jeter les yeux sur les campagnes de l'Alsace et de la Flandre et sur les plaines de la Lombardie pour se convaincre que les pays de petite culture sont remarquablement peuplés.

Mais si la petite culture peut alimenter une nombreuse population agricole, elle ne le peut qu'à une condition, c'est d'employer tous les bras et de consommer tout ce qu'elle produit.

Si donc tout le territoire d'un état pouvait être divisé à tel point que chaque famille pût subsister sur son propre fonds, il en résulterait que les populations industrielles, agglomérées dans les villes, seraient exposées à des famines continuelles.

Et alors tout le monde étant obligé de cultiver la terre, les industries manufacturières et commerciales cesseraient de se développer, on ne pourrait plus se livrer aux arts, aux sciences, ni aux occupations qui sont le partage des classes élevées de la société.

DE LA GRANDE CULTURE.

Le premier des avantages que présente la grande culture, c'est de permettre la division du travail.

Un célèbre économiste écossais, Adam Smith, regrette que la division du travail ne puisse pas s'appliquer à l'industrie agricole avec la même facilité et le même succès qu'aux manufactures proprement dites, et il attribue à cette cause l'infériorité de l'industrie rurale sur les autres industries.

Or, ce qui peut surtout faciliter l'introduction de la division du travail dans l'agriculture, c'est, sans contredit, l'adoption de la grande culture soutenue par un capital suffisant.

En effet, dans une vaste exploitation bien administrée, il y a toute l'année des labours et des charrois à faire ; on peut donc avoir des charretiers uniquement occupés de la conduite des attelages.

Comme les semailles sont très-multipliées et très-importantes, on peut avoir également des semeurs.

Enfin, on peut confier à des ouvriers de choix, le soin des étables, des greniers à foin et à blé, la garde des animaux, — la laiterie — la préparation des fumiers, etc.

Dès lors, la besogne de chacun se fait avec plus de perfection et de promptitude ; il y a peu de temps à perdre en changeant d'ouvrage parce que la besogne est assez longue pour occuper l'ouvrier plusieurs jours de suite.

La grande culture permet également l'introduction des

machines pour substituer des forces plus puissantes à la force bornée de l'homme.

La machine à battre, par exemple, y remplace avantageusement le fléau ; la faucheuse est substituée à la faux ; etc.

Enfin l'agriculteur ne doit pas seulement être cultivateur, il faut encore qu'il sache placer avantageusement ses denrées, qu'il soit un peu négociant ; les achats et les ventes, dans une grande culture, ont assez d'importance pour le mettre en rapport direct avec les meilleurs négociants et lui faire obtenir les meilleurs prix.

C'est à la grande culture que l'on doit l'agglomération de la population dans les villes, le développpement de l'instruction ainsi que les progrès toujours croissants de l'industrie manufacturière et commerciale, qui n'ont pu être créées que parce que la grande culture a permis à la population de se livrer à des travaux autres que ceux des champs sans crainte de manquer de subsistance.

La grande culture a donc une importance réelle ; mais mal pourvue de capitaux et privée de moyens d'actions suffisants, ses avantages n'existent plus.

Si l'on voit encore en France et dans beaucoup d'autres contrées de l'Europe de vastes exploitations, mal tenues et couvertes de mauvaises herbes ; un bétail insuffisant et maigre ; des produits rares et faibles, c'est surtout parce que les grands cultivateurs manquent d'argent.

Et c'est pour cela aussi que, malgré la supériorité incontestable de la grande culture, on voit tous les jours des cultivateurs, poussés par une ambition mal entendue, trouver leur ruine dans un domaine de grande culture qu'ils cultivent mal, au lieu de tirer un produit raisonnable d'un domaine de moyenne ou de petite culture proportionné à leurs ressources pécunaires.

DE LA MOYENNE CULTURE.

La moyenne culture est une forme mixte qui tient le milieu entre la petite et la grande, et leur emprunte tour à tour, ou simultanément, les procédés qui lui sont propres en participant également aux avantages et aux inconvénients de l'une et de l'autre.

En effet, ce n'est pas de la grande culture puisque, le cultivateur est obligé lui-même de mettre la main à l'œuvre ; ce n'est pas non plus de la petite culture, puisque son travail et celui de sa famille ne suffisent pas à l'exploitation du sol et qu'il doit avoir recours à des ouvriers salariés.

La moyenne culture est une immense ressource pour les contrées où la division du travail introduite dans la culture et la grande fabrication a remplacé en grande partie les bras des ouvriers par des machines ; elle parvient alors à occuper ceux-ci, quand ils sont contraints de se réfugier en trop grand nombre auprès de la petite fabrication et de la petite culture qui ne peuvent s'étendre pour leur procurer une quantité suffisante d'ouvrage un salaire assez élevé.

Si la moyenne culture ne présente pas tous les avantages de la grande culture, elle n'a pas non plus tous les inconvénients de la petite. On pourrait à la rigueur ne pas en tenir compte et les mettre au rang de la grande et de la petite culture, lorsqu'elles paraîtront davantage se rapprocher de l'une ou de l'autre.

Si maintenant on nous demandait quelle est de ces trois formes de culture, la plus avantageuse, il nous serait assez difficile de répondre d'une manière absolue. Nous sommes convaincus d'ailleurs, que quand même on parviendrait à résoudre cette question de la manière la plus satifaisante, on n'en retirerait que très-peu de fruit, car l'adoption de l'une quelconque de ces trois formes de culture est rarement au choix du cultivateur, mais dépend le plus souvent de certaines circonstances économiques qui dominent la volonté la mieux arrêtée et auxquelles on ne peut que se soumettre si l'on ne veut pas se ruiner.

Ainsi, dans une localité où la terre est chère et la main d'œuvre à bon marché, il est important de faire produire le plus possible à un hectare de terre, dût-on consacrer pour cela une plus grande quantité de travail ; tandis que dans les contrées où la main-d'œuvre est proportionellement plus chère que la terre, il est préférable pour obtenir la même quantité de produits, d'employer un plus grand nombre d'hectares et moins de travail.

Or, comme la petite culture nécessite proportionellement plus de travail par hectare que la grande culture, il faut dans le premier cas la petite culture, et dans le second cas préférer la grande.

C'est surtout la richesse des pays et l'importance des capitaux dont on peut disposer qu'il faut considérer lorsqu'il s'agit de faire un choix entre la grande, la petite et la moyenne culture. Quand le cultivateur est aisé, il peut consacrer une partie de son capital disponible à l'achat de plus de bétail, d'instruments et de machines ; il peut avoir un plus grand nombre de domestiques et par conséquent faire exécuter par d'autres bras que les siens, les travaux de l'exploitation. Il peut donc adopter sans crainte la grande culture. Si, au contraire, le cultivateur n'a d'autres capitaux que ses bras et son travail, c'est le cas de faire choix de la petite culture.

Pour un cultivateur, la meilleure forme à donner à sa culture est celle qui, après un examen sérieux, lui paraîtra le plus en rapport avec les richesses et le genre de production de la contrée et s'adaptera le mieux à la proportion entre la population agricole et la population industrielle. Pour un pays, la meilleure constitution de la culture serait celle qui combinerait le mieux la grande, la moyenne et la petite culture et les réunirait toutes sur le même sol ; la grande, pour l'alimentation des populations urbaines et la production des matières premières nécessaires à l'industrie et aux arts, la moyenne culture, pour attirer à elle les bras des ouvriers désœuvrés et leur procurer un travail utile ; enfin la petite culture pour augmenter les ressources de l'ouvrier qui travaille sur le domaine d'autrui et auquel la possession d'un coin de terre permet d'utiliser ses loisirs, mais surtout pour la production d'une foule de denrées, que la grande culture ne saurait produire avantageusement et qui contribuerait cependant puissamment à la bonne alimentation de grands centres de populations.

—

CHAPITRE VII

Des Assolements.

On donne ce nom à la méthode de culture qui consiste à faire succéder régulièrement des récoltes différentes sur un même champ. Le retour d'un assolement s'appelle *rotation*.

Les bons assolements sont de véritables greniers d'abondance. Le premier de tous fut le système triennal. L'origine de cet ancien système de culture se perd dans la nuit du moyen-âge. Le sol était partagé en deux parties : l'une destinée à rester en prairies permanentes, l'autre soumise à la charrue et divisée elle-même en trois *soles* : la culture exclusive des céréales, la jachère, employée comme préparation obligée à la culture du froment ou du seigle, suivie immédiatement de grains de mars ; enfin la jouissance en commun du pâturage.

Ce système était parfaitement approprié aux circonstances de l'époque pour laquelle il a été conçu, époque à laquelle l'agriculture ne pouvait s'exercer que sur un petit nombre de plantes prises toutes dans la famille épuisante des céréales. En considérant l'extrême simplicité de ce système, l'harmonie avec laquelle toutes les parties qui le composent se lient entre elles, l'égale répartition, sur toutes les saisons, des travaux qu'il exige, la facilité avec laquelle il s'applique aux *soles* de toute nature, placées sous des climats très-variés, on verra qu'il eût été impossible alors de trouver un système de culture, avec peu de main d'œuvre, plus convenable pour fournir les objets les plus indispensables de consommation à une nation pauvre, peu avancée dans la civilisation et peu peuplée, quoique déjà trop nombreuse pour que le système pastoral puisse suffire à sa subsistance.

Considéré sous ce point de vue, l'assolement triennal avec jachère et vaine pâture, malgré ses défauts graves, mais inévitables, était vraiment une admirable conception ; aussi on ne doit pas être surpris de l'universalité de l'adoption de ce système, ni même s'étonner de voir encore de nos jours un certain nombre de cultivateurs refuser de prendre en considération la différence des époques et des circonstances, et s'élever contre les tentatives faites pour accélérer la chute d'un édifice qui, dans sa vétusté, offre encore quelque chose de respectable.

Aujourd'hui, nous voyons presque partout les cultivateurs les plus industrieux remplacer l'ancien mode de culture par le système de culture alterne, qui exige dans son application beaucoup plus de capitaux et d'instruction, mais qui offre un produit net beaucoup plus considérable dont les bases principales sont la suppression des prairies permanentes, la division des terres arables en un nombre très varié de soles, où s'introduit la culture d'un grand nombre de plantes récemment appropriées à l'art agricole et qui ne peuvent entrer dans l'assolement triennal.

Dans l'assolement triennal, les 2/3 des terres arables sont invariablement consacrés à la culture des céréales ; dans les assolements alternes, il n'y en a en général que la moitié ; mais dans ce dernier système, les prés permanents n'étant plus nécessaires, l'étendue des terres soumises à la charrue est plus considérable ce qui rétablit à peu près l'équilibre.

On pourrait croire, au premier coup d'œil, qu'on récolte autant de grains par une méthode que par l'autre, et que toutes deux fournissent une égale quantité de nourriture pour l'homme. Cependant, la différence est immense ; l'abondance de nourriture destinée au bétail que produit la culture alterne, permet de consacrer aux terres infiniment plus d'engrais et les récoltes de tout genre augmentent à proportion.

L'introduction de la culture du trèfle est une des précieuses acquisitions de l'agriculture moderne ; elle a rendu nécessaire dans les cantons où l'on a voulu apporter quelques perfectionnements aux procédés de l'art agricole, la chute d'un assolement dans lequel cette plante ne trouverait pas de place, et qui a occasionné la révolution opérée aujourd'hui dans l'agriculture de l'Europe ; mais il est certain aussi que l'introduction de la pomme de terre exigeait impérieusement la même réforme partout où se faisait sentir le besoin d'en étendre la culture. La combinaison des assolements alternes permet de donner à la culture de ces deux plantes toute l'extension qu'on peut désirer, non-seulement sans nuire aux autres produits tirés jusqu'ici du sol, mais aussi en augmentant considérablement leur abondance.

On peut diviser en trois classes les subsistances alimentaires que le système de culture alterne fournit à la consommation : 1° la viande et les autres produits animaux qui, dans ce mode de culture, peuvent être créés en très-grande abondance ; 2° les grains ; 3° les plantes racines : pommes de terre, navets, carottes, betteraves, etc. auxquels on peut joindre les choux, qui, à égale étendue de terrains, fournissent autant de parties nutritives.

On a calculé que pour la subsistance d'un homme, s'il se nourrissait uniquement de viande, lait ou fromage, il faudrait le produit d'une étendue de terre cinq fois plus considérable que si son unique aliment était le pain. Et il est certain que si l'on prend pour point de comparaison, l'étendue de terre ensemencée de la quantité de froment nécessaire à la consommation annuelle d'un individu, il lui suffirait du produit d'une étendue cinq fois moindre, si cette terre était consacrée à la culture des pommes de terre et qu'il en fît son unique nourriture. Mille hectares de pommes de terres fournissent donc 25 fois plus de substances alimentaires ou nourrissent une population 25 fois plus nombreuse que mille autres hectares consacrés à la production de plantes employées soit à l'éducation et à l'engraissement du bétail destiné à la boucherie, soit à la nourriture de vaches laitières.

Dans l'assolement alterne, on trouve toujours les avantages et les ressources suivantes :

1° Le prix du grain vient-il à baisser, les spéculations de cultivateurs se reportent aussitôt vers la culture des plantes destinées à nourrir et engraisser le bétail.

2° Au contraire, si la rareté des substances se fait sentir, s'il survient une hausse dans les prix, si la population prend de l'accroissement, rien n'est plus facile aux cultivateurs que d'étendre non-seulement la culture des grains aux dépens de celle des plantes destinées à la nourriture du bétail, mais aussi celle des plantes racines qui servent d'aliment à l'homme ; genre de récolte très-lucratif pour le cultivateur lorsqu'il en trouve le débouché et dont l'extension ramène sur le champ l'abondance.

3° Enfin dans un cas de besoins très-pressants, comme la présence d'armées nombreuses, la destruction de la récolte de froment par la grêle ou par quelque autre accident, l'homme trouve à sa disposition comme ressource extraordinaire, dans ce système de culture, non-seulement les plantes-racines qu'il avait cultivées, pour les bestiaux, mais encore les bestiaux eux-mêmes qui serviront à son alimentation.

La première chose à faire avant d'établir un assolement régulier, c'est de consulter :

1° La nature du terrain que l'on a à cultiver ;

2° L'influence du climat sous lequel il se trouve placé ;

3° La nature des végétaux croissant spontanément ou par introduction qui paraissent prospérer davantage ;

4° Les ressources et les besoins locaux, les habitudes et les usages, la facilité ou la difficulté des débouchés, ses propres besoins ;

5° Les avantages ou les inconvénients que présente une nombreuse ou une rare population, dans la pénurie ou dans l'aisance, et le voisinage ou l'éloignement des ateliers, fabriques et manufactures qui pourraient l'occuper ;

6° L'ordre des travaux nécessaires à chaque culture et l'emploi judicieux du temps et des engrais.

Pour déterminer le retour périodique plus ou moins fréquent des mêmes végétaux sur le même champ, le cultivateur doit prendre en considération la nature plus ou moins épuisante de chaque végétal, d'après son organisation et sa végétation particulières, ainsi que d'après le mode de culture auquel il pense être soumis.

Lorsque dans un assolement on croit devoir admettre des cultures qui, d'une part, exigent des engrais abondants et qui, de l'autre, fournissent des produits qui ne sont pas restitués en grande partie au sol sous une nouvelle forme d'engrais, il est prudent de ne pas rendre leur retour fréquent et de les intercaler avec d'autres cultures tout à la fois moins exigeantes et plus restituantes.

Après avoir employé tous les moyens que l'art fournit pour mettre la terre dans un état convenable de netteté, d'ameublissement et de fertilisation par l'emploi judicieux des labours, des hersages, des roulages, des chaulages, des houages, des buttages, des binages et des roulages, du fauchage en vert, de la consommation sur place, des amendements et des engrais, il faut s'attacher constamment à la maintenir rigoureusement dans cet état prospère et à l'améliorer, s'il est possible, par l'effet du choix des cultures intercalaires, de manière à ce que chaque récolte prépare le succès des récoltes futures et que ce succès soit toujours assuré sauf les intempéries des saisons.

Il est généralement avantageux de reculer le plus possible le retour des mêmes végétaux sur le même champ ainsi que celui des espèces, soit du même genre, soit de genres appartenant à la même famille naturelle.

Ce retour doit être d'autant plus différé pour chaque végétal, que son semblable ou son analogue aura occupé originairement le sol plus longtemps et l'aura plus épuisé et dépouillé.

Il est avantageux d'intercaler la culture des végétaux à racines profondes, pivotantes et tuberculeuses, avec celle des plantes dont les racines sont superficielles, traçantes et fibreuses.

Il est encore avantageux d'intercaler, autant que les circonstances le permettent, les récoltes spécialement destinées à la nourriture des hommes avec celles qui sont particulièrement affectées à l'entretien des animaux domestiques.

La terre cultivée, de quelque nature qu'elle soit, ne doit

rester privée de récolte que le moins longtemps possible.

Le cultivateur doit admettre de préférence, pour couvrir les terres siliceuses, crétacées et arides, les cultures les plus propres à les ombrager fortement et à les resserrer, de manière à prévenir ou au moins à diminuer l'évaporation et à augmenter l'infiltration de l'eau et des autres principes utiles à la végétation.

Il doit, au contraire, préférer pour les terres argileuses, compactes et aquatiques, les cultures les plus propres à les diviser et à les dessécher, en les privant par le choix des végétaux et par une judicieuse application des opérations aratoires, de l'excès d'humidité et de ténacité qui les distingue.

Enfin dans le choix des assolements les plus convenables au sol, au climat et à toutes les circonstances locales dans lesquelles le cultivateur se trouve, il doit s'attacher à rendre nécessaire le moins possible l'emploi des labours et des engrais.

Nous croyons utile de donner divers exemples d'assollements appliqués en France et à l'étranger.

ASSOLEMENT TRIENNAL.

1 *Pommes de terre.* **2** *Froment.* **8** *Trèfle.*

Sinclair, agronome écossais, affirme que cette rotation fut suvie dans un même champ pendant trente ans et donna des résultats très-satisfaisants.

ASSOLEMENT ANGLAIS QUADRIENNAL.

1 *Turneps* (espèce de rave). — **2** *Orge.* —
3 *Trèfle.* — **4** *Blé.*

Les turneps sont fortements fumés, parfaitement nettoyés et sarclés.

En France, on pourrait remplacer les turneps par la pomme de terre, mais l'assolement deviendra moins durable.

En Belgique, où l'agriculture repose sur la production des plantes commerciales, on rencontre souvent l'assolement quadriennal suivant :

*1 Pommes de terre. — 2 Avoine. — 3 Trèfle.
— 4 Blés et Navets à la dérobée*

ASSOLEMENT QUINQUENNAL.

*1 Fèves ou Sarrazin. — 2 Froment, ensuite Navets. — 3
Avoine. — 4 Trèfle. — 5 Orge d'hiver et Avoine.*

Cet assolement est en usage dans certains cantons du département de là Somme ; il convient aux sols argileux où l'on ne peut cultiver le seigle et la pomme de terre.

Dans les contrées du Rhin et de la Moselle, on rencontre fréquemment l'assolement suivant :

*1 Jachère non fumée. — 2 Seigle. — 3 Trèfle.
— 4 Avoine ou pois. — 5 Sarrazin.*

Si le sol est très-bon, on a :

4 Froment. — 5 Seigle.

ASSOLEMENT DE 6 ANS

*1 Jachère fumée. — 2 Seigle. — 3 Trèfle. — 4 Avoine.
— 5 Jachère non fumée. — 6 Seigle.*

Ce système convient aux contrées qui manquent de prairies et par conséquent d'engrais

On rencontre encore souvent en Allemagne l'assolement suivant :

*1 Jachère fumée, — 2 Colza. — 3 Orge d'hiver. —
4 Seigle fumé. — 5 Trèfle. — 6 Avoine.*

ASSOLEMENT DE 7 ANS.

Dans les plaines fertiles de la Bavière, on trouve encore cet assolement :

*1 Jachère fumée. — 2 Orge d'hiver. — 3 Seigle. — 4 Trèfle.
— 5 Avoine. — 6 Pommes de terre ou Navets. — 7 Orge
de printemps.*

ASSOLEMENT DE 8 ANS.

1 Jachère fumée.— 3 Blé.— 5 Trèfle.—4 Avoine.— 5 Orge d'hiver fumée. — 8 Seigle. — 7 Trèfle blanc pâturé.— 8 Seigle.

Cet assolement appartient à l'agriculture céréale et est adopté dans les grandes fermes.

ASSOLEMENT AVEC PLANTES COMMERCIALES.

1 Pavots fumés ou Choux. — 2 Garance fumée. —3 Seconde année de garance — 4 3ᵉ année de garance. — 5 Chanvre fumé.— 6 Lin. — 7 Tabac fumé. — 8 Blé. — 9 Trèfle. — 10 Pommes de terre avec demi-fumure, — 11 Avoine. — 12 Lin.

Cet assolement est indiqué par Schwerz dans son manuel de l'agriculteur. Il l'avait établi dans un terrain médiocre de sept hectares et demi et cet auteur conseille de modifier ainsi quand il s'agit d'un terrain léger.

8 Blé. — 9 Avoine. — 10 Trèfle. — 11 Pommes de terre. — 12 Lin.

ASSOLEMENT AVEC SAINFOIN.

1, 2, 3 Sainfoin plâtré. — 4 Seigle, puis Navets. — 5 Jachère. — 6 Seigle. — 7 Jachère avec Sainfoin.

Cet assolement peut être continué pendant trente ans sans fumier, sur des terrains maigres et épuisés; le sainfoin ayant la propriété d'améliorer le sol. Les plus mauvais terrains peuvent être améliorés à l'aide de cette plante, à la condition que la terre sera bêchée profondément.

ASSOLEMENT AVEC LUZERNE.

1 à 9 Luzerne. —7 Colza. — 11 Seigle. — 12 Orge. — 13 Avoine. — 14 Jachère fumée. — 15 Colza. — 16 Seigle. — 17 Orge. — 18 Avoine.

La luzerne doit sa propriété de résister aux longues sécheresses à la longueur de ses racines qui s'enfoncent à

6

une grande profondeur et qui se changent en excellent terreau après un premier labour. On peut la laisser six, huit ou neuf ans sur un même terrain qui sera propre ensuite à recevoir des récoltes épuisantes. Ainsi on pourrait mettre encore :

1 à 8 Luzerne, 9 betteraves ou pommes de terre, 10 sainfoin, 11 orge, 12 jachère fumée, 13 colza, 14 épeautre, 15 seigle, 16 orge avec semence de luzerne.

Voici un mode d'assolement destiné à une surface supposée de 23 hectares 1/2. Nous le recommandons à l'attention des cultivateurs qui pourront le modifier suivant les circonstances et l'étendue du terrain auquel il pourrait être appliqué.

Années.	SOLE A. 3 hect. 1/2	SOLE B. 3 hect. 1/2	SOLE C. 3 hect. 1/2	SOLE D. 3 hect. 1/2	SOLE E. 3 hect. 1/2	SOLE F. 3 hect. 1/2
1re	Pommes de terre ou betteraves fumées.	Seigle ou plus tard froment.	Fourrages.	Fourrages.	Fourrages.	Orge ou avoine.
2e	Seigle ou plus tard froment.	Fourrages.	Fourrages.	Fourrages.	Orge ou Avoine.	Pommes de terre ou betteraves fumées.
3e	Fourrages.	Fourrages.	Fourrages.	Orge ou Avoine.	Pommes de terre ou betteraves fumées	Seigle ou plus tard froment.
4e	Fourrages.	Fourrages.	Orge ou Avoine.	Pommes de terre ou betteraves fumées.	Seigle ou plus tard froment.	Fourrages.
5e	Fourrages.	Orge ou avoine.	Pommes de terre ou betteraves fumées.	Seigle ou plus tard froment.	Fourrages.	Fourrages.
6e	Orge ou avoine.	Pommes de terre ou betteraves fumées.	Seigle ou plus tard froment.	Fourrages.	Fourrages.	Fourrages.

En jetant les yeux sur ce tableau, nous voyons que chaque année nous aurons 3 hectares 1/2 en seigle ou mieux quelques années plus tard en froment. Mais il faut attendre que la terre soit convenablement préparée, ce qui ne tardera pas avec les masses de fumiers que nous aurons à notre disposition. Puis nous avons 3 hectares 1/2 en orge ou avoine, 3 hectares 1/2 en racines, et enfin 10 hectares, 1/5 en fourrages, c'est-à-dire juste la moitié des terres de l'exploitation.

De cette manière 1/6 serait en cultures racines o u plantes sarclées (pommes de terre — rutabagas, — betteraves, — pois, — fèves, — haricots, etc.) pour les be · soins des animaux, et 1/3 seulement de l'exploitation serait en céréales pour les besoins des hommes.

Il est bien entendu que chaque année 1/6 des prairies naturelles existantes sera rompu (Le propriétaire ne nous refusera certainement pas de soumettre ses prés à une agriculture progressive et en même temps améliorante. Et d'ailleurs, nous resterons libres avant l'entrée en ferme d'imposer nos conditions Alors, comme on le voit, tout rentrerait dans un assolement uniforme).

Les terres de l'exploitation se composent, avons-nous dit, de 23 hectares 1/2 en joignant les 7 hectares prairies aux 16 1/2 de terres arables. Or, la culture en prend 21, comme le fait voir le tableau d'assolement. Reste donc 2 hectares 1/2 de disponible Nous supposons 1/2 hectare pour jardin potager, et 1/2 hectare de verger pouvant en même temps servir de rucher. Alors il nous reste encore 1 hectare 1/2 que nous saurons employer le plus utilement possible, soigneusement amélioré. Ce sera dans cette partie que nous ferons nos semis de plantes, nos pépinières d'arbres, et ce sera là aussi que nous pourrons nous livrer à une culture riche et soignée de plantes commerciales, oignons, pois, fèves, haricots, porte graines, chanvre, etc.

En considérant notre tableau d'assolement, on peut voir que les fourrages occuperont la même sole pendant 3 années consécutives. Il n'est pas besoin d'énoncer ici les nombreux avantages que pourrait présenter cette pratique. Il est facile de comprendre qu'une telle méthode ne tarderait pas à faire acquérir promptement à la terre un degré de fécondité jusqu'alors inconnue. En effet, on ne peut manquer d'arriver à un bon résultat en employant convenablement les masses de fumier que l'on aura à sa disposition, et chaque année, après la coupe des fourrages, on étendra une couche soit de fumier décomposé, soit de compost ou de terreau et l'on pourra encore jouir à l'automne d'une bonne coupe de regain pendant que le foin serait à mûrir au magasin. Ces fourrages se composeraient de sainfoin, de luzerne que nous nous efforcerions d'acclimater ou, ce qui serait plus sûr peut-être, surtout dans les commencements, de trèfles variés de ray-grass, et autres plantes de prairies dont nous récolterons nous-mêmes la graine avant de rompre la sole qui chaque année doit rentrer dans le domaine de la culture.

Nous ajouterons encore le *moha* de Hongrie que l'on cultiverait, non pour la graine dont le produit est considérable, mais qu'il est difficile de débarrasser de son écorce, mais comme fourrage vert qui réussirait après les pommes de terre que l'on pourrait aussi remplacer par les topinambours. Dans ce dernier cas, ou se procurerait avec les tiges, venues après l'arrachement, et le moha, un fourrage vert abondant et de première qualité.

Le moha vert est une excellente nourriture pour les chevaux. Sa paille égale en poids celui du froment, mais elle sèche difficilement et on doit la donner très-modérément aux animaux.

MODES DE FAIRE VALOIR.

Le mode de faire valoir est la manière d'exploiter le sol et d'en tirer des revenus. Celui qui se rend propriétaire d'un domaine a pour but, en effet, de tirer du sol des produits à l'usage de l'homme ayant une valeur échangeable, susceptible de lui procurer un revenu.

Ce but peut être atteint de différentes manières ; ainsi le propriétaire peut exploiter ou cultiver lui-même son domaine ; il peut le faire valoir par un régisseur, ou maître-valet ou bien enfin le donner en fermage ou en métayage. Le mode de faire valoir est donc très-variable. On en distingue plusieurs sortes ; le faire valoir direct, le faire-valoir par régisseur ou maître-valet, le faire-valoir par fermage ou métayage.

Cette étude est d'une haute importance pour le cultivateur, car le succès d'une exploitation agricole dépend très-souvent de la manière dont le faire-valoir a été entendu par celui qui la dirige. Il importe aussi à la prospérité générale du pays que l'on connaisse bien quels sont les avantages et les inconvénients respectifs de chaque mode de faire-valoir par rapport à la richesse publique; nous donnerons donc à ce sujet d'assez longs développements.

Le faire-valoir direct, c'est-à-dire le mode d'exploitation dans lequel le propriétaire cultive lui-même directement son domaine, a été incontestablement le premier de tous. Dans les premiers temps de l'organisation des sociétés, les propriétaires étaient tous cultivateurs; chacun faisait valoir directement son troupeau et la terre sur laquelle il s'établissait, à l'aide de sa famille et de quelques hommes qui venaient se joindre à eux. C'étaient en grande partie des prisonniers faits à la guerre par les pères de familles qui les avaient épargnés pour en faire leurs esclaves, et qui conservaient sur eux le droit de vie et de mort.

A cette époque, la culture de la terre était regardée comme la plus honorable de toutes les professions manuelles et la seule qui pût être exercée par des hommes libres. Le citoyen romain qui eût cru, dans son orgueil, indigne de lui de manier le rabot du menuisier ou la truelle du maçon, ne dédaignait pas de mettre la main à la charrue, et Cincinnatus labourait son champ, lorsque les envoyés du Sénat de Rome vinrent lui confier, dans des circonstances difficiles, avec la dignité de dictateur, la mission suprême de sauver la patrie.

Mais quand le travail d'organisation des sociétés fut plus avancé et que, sous l'influence de besoins nouveaux, les industries manufacturières et commerciales cessèrent en se développant, de se confondre avec l'industrie rurale; quand les membres d'une nation se partageant les rôles, les uns furent chargés de l'administration publique, les autres de la défense du territoire, ceux-ci de rendre la justice, ceux-là de diriger le commerce et l'industrie; on comprend que l'on dût renoncer en partie à l'exploitation par faire-valoir direct. Les occupations incessantes des magistrats, des guerriers, des commerçants, des industriels, les détournaient de l'administration personnelle de leurs domaines, et ils se virent obligés de chercher un système qui remplaçât l'exploitation directe devenue impossible.

Les propriétaires qui ne pouvaient résider dans leurs domaines les firent cultiver par des esclaves, des affranchis ou même des colons dont ils louaient les services pour faire valoir leurs terres. Ce fut là l'exploitation par régie.

Mais ce mode de faire valoir n'ôtait pas aux propriétaires tous les soins, tous les soucis. Il fallait qu'ils s'occupassent encore activement de l'administration de leurs domaines et de la haute direction des cultures ; sinon la terre mal cultivée s'épuisait et ne produisait pas ; les bestiaux mal soignés périssaient et ne donnaient que de faibles revenus. Aussi, quand par suite de l'accroissement des richesses d'une nation et de l'agrandissement de son territoire, les domaines devinrent plus vastes et plus éloignés des grandes villes, l'exploitation par régie devint insuffisante à son tour et il fallut avoir recours au fermage. Les propriétaires se mirent à la recherche d'hommes libres, dans le but de leur confier la culture de leurs terres moyennant le paiement d'une rente ou redevance, soit en nature, soit le plus souvent en argent, soit quelquefois en corvées. Autrefois, et surtout pendant toute la durée du régime féodal, les relations entre les propriétaires et les fermiers étaient presque purement militaires.

La principale occupation du propriétaire d'un domaine était la guerre, et ceux qui tenaient des terres de lui étaient des soldats assujettis sous ses ordres au service militaire, qui ne payaient presque aucune rente en argent, mais qui étaient tenus de rendre quelques services personnels et à livrer une certaine quantité de denrées en nature pour les besoins de la famille du maître.

Mais le caractère le plus général du fermage, et celui qui a prévalu, c'est que le propriétaire reste maître de son domaine, qu'il se contente de louer pour un certain nombre d'années à des hommes habiles, honnêtes et industrieux, possédant un capital, sous la condition de lui rendre annuellement une part déterminée des produits convertis en argent.

Dans ce système de faire valoir, plus le fermier savait tirer parti du domaine affermé, plus ses profits étaient considérables ; son propre intérêt l'engageait donc à bien cultiver, et le propriétaire se trouvait déchargé de tous soins relatifs à la direction ou à la surveillance de l'exploitation.

Toutefois ce mode de faire valoir avait aussi ses inconvénients. Pour exploiter le sol d'une manière productive, il faut des bras, des animaux, des bâtiments, des outils, des machines, et pour se procurer toutes ces choses il faut des capitaux. Or, il n'était pas toujours facile de trouver des tenanciers à la fois habiles, honnêtes et possesseurs d'un capital suffisant. Dès lors, les propriétaires se trouvaient obligés de monter l'exploitation à leurs frais, et ils retombaient alors dans l'inconvénient qu'ils avaient voulu éviter.

Il en résulta que beaucoup de propriétaires, pour éviter ces inconvénients, se rejetèrent sur le métayage ; sur le mode de faire valoir qui consiste dans une sorte d'association assez étroite et de partage en nature des produits entre le propriétaire du fonds et le métayer.

Ces divers modes de faire-valoir se sont répartis et conservés dans différentes contrées. Ainsi dans le Nord de l'Europe, dans la majeure partie de la Russie et de l'Allemagne, le faire valoir direct ou par régie au moyen de serfs, de corvéables ou de serviteurs s'est généralement maintenu ; le mode de faire valoir par fermage a prévalu en Angleterre, dans une partie de la France, et en Belgique et généralement dans la contrée la plus avancée de l'Ouest et du centre de l'Europe. Le métayage enfin est en pratique dans les contrées méridionales de l'Europe, en Italie, en Espagne, et dans la majeure partie des départements de l'Ouest, du Sud, de l'Est et du Centre de la France.

Nous allons examiner les avantages et les inconvénients respectifs de chacun de ces modes de faire valoir, et signaler en même temps les circonstances économiques qui peuvent et doivent déterminer l'agriculteur à donner la préférence à l'un plutôt qu'à l'autre.

1. FAIRE-VALOIR DIRECT.

Le faire-valoir direct est le mode d'exploitation qui nous paraît réunir le plus d'avantages, c'est celui qui sert le mieux les intérêts du propriétaire et ceux du pays. La raison en est simple. Si le propriétaire, exploitant par lui-même, est intéressé à faire produire le plus possible à sa terre, il est intéressé à ne pas l'épuiser de manière à se ménager des ressources pour l'avenir. Les capitaux qu'il consacre à des améliorations foncières, ne sont pas des capitaux perdus pour lui, car plus son domaine s'améliore, plus les revenus s'accroissent et plus sa fortune s'agrandit.

Un fermier, au contraire, s'imagine facilement que tout ce qu'il dépense en améliorations foncières sur sa ferme augmente la fortune du propriétaire et diminue la sienne, parce qu'il sait parfaitement que son bail une fois expiré, le propriétaire peut augmenter son fermage ou affermer son domaine à un autre, de manière à le priver du bénéfice de ses améliorations ; enfin, lorsque le fermier n'est pas honnête, la soif du gain l'excite soit à négliger, soit à épuiser la terre dont il se propose de cesser prochainement l'occupation.

Les richesses agricoles d'un pays où le mode de faire valoir direct serait généralement adopté, iraient en s'accroissant chaque année et la prospérité générale grandirait dans la même proportion.

Lorsque les propriétaires fonciers passent à la ville la plus grande partie de l'année, et ne se décident à aller habiter dans leurs terres pendant la belle saison, que pour y faire des économies qui leur permettent de passer la saison de l'hiver dans les villes, au milieu du luxe et des plaisirs, il résulte de cette habitude un double inconvénient.

D'abord ils détournent ainsi des champs la plus grande partie des capitaux qui en proviennent et qui devraient être consacrés à l'agriculture. Ensuite les dépenses qu'ils font dans les villes font hausser les salaires des ouvriers de certaines industries privilégiées et augmenter par l'appât du gain la population ouvrière des villes au détriment de celle de la campagne. On imprime ainsi au travail national une mauvaise direction. On attire dans les villes les bras et les capitaux pour les y consacrer à des opérations généralement improductives ou dont l'utilité est toute locale, et on prive l'agriculture des capitaux et des bras qui la rendraient prospère et accroîtraient le bien-être universel.

Une des causes de la misère de l'Irlande, c'est précisément *l'absentéisme*, c'est à-dire l'éloignement de leurs domaines, des grands propriétaires fonciers qui vont dépenser leurs revenus en Angleterre ou sur le continent et privent ainsi leur pays des ressources qui soulageraient sa misère en alimentant le travail, car le capital est au travail ce que l'huile est à la lampe : privez de l'huile une lampe, elle s'éteindra ; privez de capital le travail, et le travail deviendra impossible.

Toutefois il faut reconnaître que l'exploitation directe par le propriétaire exige plus que tout autre mode une grande accumulation de capitaux dans la même main puisqu'il faut qu'il fournisse tout : capital foncier, — capital mobilier, — capital d'exploitation, — capital intellectuel, etc. Et s'il ne les possède pas tous en quantité suffisante, loin de prospérer, il verra d'année en année ses revenus diminuer avec les produits de son domaine, et, s'il ne se hâte de l'affermer et de le mettre entre des mains plus habiles ou plus riches, il ne tardera pas à voir sa ruine complète.

Ce mode d'exploitation ne convient donc qu'aux hommes qui joignent à des connaissances en culture la possession d'une certaine fortune. Ce n'est même pas assez ; il faut aussi à ces hommes une grande simplicité de mœurs et un goût véritable pour la vie champêtre et ce qui est plus difficile, il faut qu'ils aiment à se donner ces mœurs, qu'ils inspirent ce goût à toute leur famille.

Si nous examinons maintenant le faire-valoir direct entre les mains, non du plus grand propriétaire, mais du propriétaire-cultivateur, obligé de travailler de ses propres mains le petit domaine qui le fait vivre lui et sa famille, nous y trouverons un nouvel inconvénient ; sans doute la culture peut être, dans de pareilles conditions, poussée à un degré de perfection supérieure à celui des fermes voisines ; malheureusement le propriétaire s'abandonne trop souvent à la passion d'agrandir son domaine. Il achète de la terre à tout prix, et plutôt que de manquer une occasion, il ne craint pas de pousser les achats au-dessus du capital qu'il possède. Il compte sur les bonnes années pour solder le prix d'achat.

Mais ces bonnes années ne viennent pas ou se font attendre, et l'usure vient dépouiller celui qui a voulu trop avoir.

L'amour de la propriété poussé à l'extrême vient donc contrebalancer tous les avantages du faire valoir direct.

Ce mode d'exploitation convient surtout aux pays pauvres où le peu de capitaux qui circule est concentré dans les mains de quelques grands propriétaires. Là où les industries commerciales et manufacturières sont peu développées, il ne peut guère en être autrement.

Le faire-valoir direct convient également mieux à de certaines terres qu'à d'autres. Ainsi les fermiers cherchent ordinairement vers la fin de leur bail à épuiser les terres qui leur ont été confiées, soit en ne leur donnant que des fumures insuffisantes, et en les consacrant à des terres à eux ou en vendant le reste de leur fumier, soit en demandant au sol plus de produits et surtout plus de grains de vente qu'il ne peut en fournir. Il faut donc, autant que possible, soustraire à ces manœuvres déloyales les terres qui, malgré leur grande richesse, peuvent être facilement épuisées.

Quant aux terres fortes, argileuses, qui retiennent longtemps les engrais et qui s'épuisent difficilement, ce sont celles-là que l'on peut donner à ferme avec moins de danger que la première parce que la cupidité du fermier leur fera moins de mal, et que le propriétaire, s'il s'aperçoit de quelque chose pourra toujours intervenir à temps.

2 FAIRE VALOIR PAR RÉGISSEUR OU PAR MAITRE-VALET.

Le mode de faire valoir par régisseur ou par maître-valet, est celui dans lequel le propriétaire se réserve la haute direction de son domaine, et se fait aider par des employés à gages qu'il charge spécialement de détails.

Généralement le régisseur administre et ne travaille

pas manuellement. Il n'apporte dans l'industrie rurale que son intelligence, son savoir faire et l'activité nécessaire pour s'acquitter de la direction qui lui est confiée. C'est en lui que se personnifie le capital intellectuel nécessaire à son entreprise agricole.

C'est ce caractère que l'on remarque dans la plupart des régisseurs de l'Allemagne et de l'Italie, où ce mode de faire valoir est assez commun.

Mais il est aussi une classe de régisseurs qui n'a rien de commun avec celle dont nous venons de parler. On donne, en effet, souvent mal à propos, le nom de régisseur à des hommes qui ne se distinguent des ouvriers auxquels ils doivent commander que par un peu plus d'intelligence, et l'autorité dont ils sont investis : ces régisseurs mettent eux-mêmes la main à l'œuvre, ils ne savent que suivre aveuglément la route qui leur est tracée, et pratiquer machinalement le système de culture en usage dans la contrée qu'ils habitent ; ils ne s'en écartent jamais.

Généralement ces sortes d'agents surveillent certaines branches spéciales de l'exploitation, telles que la bergerie, la vacherie, la laiterie, ou dirigent en sous-œuvre, des métairies séparées, quoique soumises à la même direction supérieure.

Il importe donc de distinguer le mode de faire valoir par maître-valet du mode de faire valoir par régisseur proprement dit. Quand l'exploitation est vaste et présente une grande complexité, un régisseur est indispensable ; quand le domaine est plus restreint et la culture plus simple, un maître-valet suffit ; dans les domaines soumis à la grande culture et dont le propriétaire réside habituellement à la ville, le faire-valoir par régisseur est plus convenable, tandis que le faire-valoir par maître-valet convient mieux à des domaines soumis à la moyenne ou à la petite culture, et dont le propriétaire vit ordinairement à la campagne.

Le propriétaire peut alors surveiller plus parfaitement la gestion du maître-valet, et dirige lui-même l'exploitation de son domaine.

Les régisseurs qui méritent réellement ce nom, doivent être des hommes capables d'organiser une exploitation agricole jusque dans les plus petits détails et de la faire marcher avec succès. Il faut qu'ils soient de véritables ingénieurs agricoles et d'habiles administrateurs. Mais de tels hommes ne sont pas faciles à former ; car il leur faut des connaissances étendues et variées, et des qualités personnelles toutes spéciales.

Ces qualités sont plus indispensables peut-être en agriculture que dans toute autre industrie qui s'exerce dans un cercle plus restreint et où la division du travail facilite la surveillance et la direction. Dans la plupart des industries manufacturières, les opérations sont simples, faciles à saisir et se renouvellent constamment sous les mêmes formes. Leurs résultats sont prévus à l'avance et se réalisent presque toujours. Aussi les contre-maîtres se mettent promptement au courant de la besogne, et il n'est pas rare de voir d'anciens ouvriers, d'une intelligence ordinaire, diriger parfaitement les opérations de l'atelier qui leur est confié, opérations avec lesquelles ils ont été familiarisés dès l'enfance.

Mais il n'en est pas de même de l'industrie rurale ; les opérations y sont ordinairement complexes, y revêtent mille formes variées et leurs résultats ne se manifestent le plus souvent que longtemps après le commencement des travaux préparatoires qu'elles nécessitent. Il faut donc au régisseur d'une exploitation agricole un esprit de prévision qui est inutile au contre-maître d'une manufacture.

La tâche imposée au régisseur est donc difficile, et ce qui contribue encore à en augmenter la difficulté, c'est la position fausse dans laquelle il se trouve, placé qu'il est, entre les ouvriers qui aimeraient mieux avoir affaire au propriétaire et qui le desservent auprès de celui-ci, et le propriétaire, qui ne comprend pas toujours bien les opérations du régisseur et qui se laisse parfaitement influencer par son entourage.

Le mode de faire-valoir par régie convient à tous les pays et à toutes les circonstances auxquelles s'applique le faire-valoir direct, lorsque la bonne harmonie règne entre le propriétaire et le régisseur, et que ce dernier possède toutes les qualités requises pour l'exécution de son mandat. Mais aussi il peut avoir les plus grands inconvénients toutes les fois que le régisseur manque de quelques-unes des qualités essentielles, ou qu'il n'a pas su gagner la confiance du propriétaire. Ses subordonnés s'en aperçoivent facilement ; dès lors ses ordres sont mal exécutés, les travaux languissent, le désordre devient général, et le domaine ainsi administré ne tarde pas à voir ses terres s'épuiser et ses revenus diminuer sensiblement.

3. FERMAGE.

On appelle bail à ferme ou fermage, la session faite à prix d'argent par le propriétaire, et cela pour un temps déterminé, du droit d'exploiter les terres qui lui appartiennent. Dans ce mode de faire-valoir, le propriétaire d'un domaine le loue pour un certain nombre d'années à un cultivateur, sous la condition que celui-ci rendra annuellement une part des produits, déterminée à l'avance et convertie en argent, que l'on appelle rente ou fermage.

Le fermage résulte de la nécessité où se trouve un propriétaire qui ne veut pas ou ne peut pas exploiter ses terres lui-même, d'en céder l'exploitation et la jouissance à un autre pour une redevance et pour un temps déterminés.

La durée de la location peut modifier la nature et le caractère du fermage. Ainsi on appelle *contrat de rente foncière*, le fermage conclu à perpétuité moyennant une somme déterminée d'avance ; *bail emphythéotique* le fermage conclu avec une condition éventuelle de résiliation, dépendant de circonstances déterminées, telle que la jouissance pendant un certain nombre de générations de fermiers, se succédant à des degrés convenus. Le fermage reçoit encore le nom de *bail comptable*, lorsque le contrat peut être annulé par la volonté du propriétaire, avec indemnité au profit du fermier pour les améliorations que la ferme a reçues pendant la durée du bail ; de *servage*, lorsque les colons, véritables serfs enchaînés à la glèbe, ne peuvent abandonner la culture du domaine, et que les propriétaires ne peuvent la leur retirer. Les cultivateurs dans ce cas sont de véritables immeubles par destination, que le propriétaire vend et transmet avec le domaine comme le bétail qui s'y trouve, les bois qui le couvrent et les bâtiments qui y sont élevés. Ce mode de fermage est encore usité en Russie.

Enfin, lorsque la location doit durer un nombre d'années déterminées dans le bail, on a le *fermage* ordinaire ; c'est celui qui est, à quelques rares exceptions près, le seul en usage en France, et c'est aussi le seul dont nous allons nous occuper.

On regarde assez généralement aujourd'hui le fermage comme le mode de faire-valoir le mieux approprié aux exigences de la société moderne. Aujourd'hui, en effet, les hommes qui ont reçu une éducation libérale se sont retirés dans les villes, où tout tend à les attirer. La centralisation administrative a prodigieusement accru le nombre des employés et des fonctionnaires publics astreints à la résidence dans les villes.

Dans ces conditions, les propriétaires préfèrent n'avoir pas à intervenir dans l'exploitation de leurs domaines. Or, non-seulement le fermage les décharge du fardeau souvent pénible de la surveillance et des soucis ordinaires de la culture, mais encore, deux ou trois fois par an, le fermier vient leur apporter un revenu fixe et invariable dans les bonnes comme dans les mauvaises années.

Ce paiement exact et régulier n'existe, il est vrai, qu'à l'état idéal; s'il en était toujours ainsi, on comprendrait que ce mode de faire valoir séduisit les propriétaires qui ne veulent pas exploiter eux-mêmes leur domaine, mais par malheur, les choses se passent bien différemment dans la pratique ; le capital que le fermier consacre à l'exploitation de sa ferme est exposé aux chances des saisons, et par suite à de nombreuses éventualités indépendantes de son habileté agricole ; les denrées qu'il produit sont également sujettes à de nombreuses fluctuations causées par la variabilité des récoltes, l'étendue de la concurrence et la nécessité où il se trouve fréquemment de la vendre, même à vil prix; pour les paiements qu'il a à faire pour la subsistance de sa famille. Il en résulte que le fermier ne peut pas compter sur un produit fixe, et quil n'en doit pas moins payer à échéance fixe à son propriétaire une rente invariable et déterminée d'avance.

Comment donc pourrait-il toujours remplir ses engagements ? Il ne le pourrait qu'autant qu'il posséderait un capital d'exploitation assez considérable et surtout une réserve destinée à s'accroître dans les bonnes années et à parer à l'insuffisance des récoltes dans les mauvaises ; mais ces capitaux, cette réserve, le plus souvent, il ne les possède pas.

Le fermage présente surtout un inconvénient grave. C'est que le fermier cherche le plus souvent à profiter de la chose louée, et à tirer le plus grand parti du domaine qui lui est confié, au risque d'épuiser complètement les richesses accumulées dans le sol par le fermier précédent ou par le propriétaire et qu'il ne peut réaliser qu'en les tenant hors du domaine.

Tout fermier peu probe cèdera à la tentation d'exploiter ces richesses, et de dissiper ainsi un bien qui ne lui appartient pas et dont il ne peut disposer sans nuire aux intérêts futurs du propriétaire.

Malgré ces inconvénients incontestables que présente le fermage, il faut se garder de le condamner d'une manière trop absolue. Il serait difficile de s'en passer dans l'état actuel des choses, attendu la multiplicité et l'importance des fonctions publiques qui retiennent la majeure partie de l'année un grand nombre de propriétaires hors de leurs domaines.

Ce mode de faire-valoir n'est pas d'ailleurs mauvais par lui-même ; loin de là, en Angleterre, il est universellement adopté et l'agriculture anglaise est certainement l'une des mieux entendues et des plus perfectionnées de l'Europe. Ce qui est souvent vicieux dans le fermage, c'est surtout sa constitution ; c'est la manière dont il est compris ; c'est le mode de paiement de la rente, la nature et les clauses des baux. Il importe donc de rechercher comment on pourrait remédier à cet état de choses et quelles améliorations on pourrait y apporter.

Un des inconvénients du fermage, avons-nous dit, est le mode de paiement de la rente. Le fermier souffre souvent de la nécessité où il se trouve de payer une rente fixe pour un service qui est essentiellement variable. Eh bien ! ne pourrait-on pas décider que le tout, ou au moins une partie de la rente variera en proportion des prix du grain en prenant la moyenne d'un certain nombre d'années ? Ce moyen, proposé par plusieurs écrivains, nous paraît de nature à lever toutes les difficultés.

Dans les pays pauvres surtout, et où les fermiers n'ont que de faibles capitaux, il faut se garder d'adopter le principe d'une rente à tous prix ; il vaut mieux convenir que le fermier paiera chaque année une redevance proportionnelle aux produits qu'il aura réalisés.

On pourrait, comme dans la Lorraine Allemande, convenir que les fermiers livreraient leur fermage en nature ; mais ce système présente quelques difficultés en ce qu'il contraint les propriétaires à s'occuper de l'emmagasinage, de la vente et de la conservation des grains qu'ils reçoivent, ce qui ne leur est pas toujours possible de faire efficacement et lucrativement.

On peut encore stipuler que la rente sera payée en un certain nombre d'hectolitres de blé que le fermier ne livrera pas en matière, mais dont il donnera la valeur au propriétaire, calculée d'après la mercuriale authentique d'un certain nombre d'années. On trouve dans la Beauce des exemples de baux de ce genre.

On pourrait encore, pour rendre ce mode de paiement de la rente plus conforme à la nature des choses, plus commode pour le fermier, l'étendre à toutes les diverses espèces de grains, — cultivés habituellement dans la localité où est située la ferme. — Il se peut, en effet, que dans certaines fermes, la nature du sol soit telle que l'on ne puisse y cultiver que du seigle, de l'avoine, du maïs ou du sarrazin. Si même le produit le plus ordinaire et le plus certain de la ferme était représenté par des denrées d'une autre nature, on pourrait remplacer les grains par ces denrées et mesurer le taux de la rente à leur valeur échangeable officielle pendant un certain nombre d'années.

Il serait possible encore d'apporter au fermage de notables améliorations en modifiant la nature et la durée des baux. La durée des baux est surtout d'une très-haute importance ; car la certitude seule de jouir des terres qu'il occupe pendant une période déterminée peut engager le fermier à y faire des améliorations. Un fermier à volonté, comme disent les Anglais, que le propriétaire peut congédier quand il lui plaît, peut bien ruiner la fer-

me qu'il occupe, mais il est, par la nature même des choses, à peu près dans l'impossibilité de faire des améliorations ; car ce serait à lui une folie que d'aller enfouir des
capitaux considérables dans une terre qui, peut-être bientôt, va être affermée à un autre et dont il ne jouira jamais.

La durée des baux est très-variable selon les localités.
— En France, les plus usités sont des baux à courts termes pour 3, 6 ou 9 ans. En Angleterre on a adopté des
baux d'une longueur moyenne : 15, 19, 21 ans et des
baux à longs termes, c'est-à-dire de 25, 31, 57 ans. On
y trouve également des baux pour une vie et pour 3 vies.

Les baux à courts termes (3, 6, 9 ans), valent mieux
sans doute que les baux dont la durée est indéterminée
et qui laissent le fermier à la merci du propriétaire ; mais
avec des baux de cette espèce, l'agriculture ne peut
arriver à un haut degré de perfection, et le mode
de faire-valoir par fermage a la plupart des inconvénients que nous avons énumérés plus haut.
Le fermier ne peut faire au sol que de faibles
avances ; il ne lui consacre que les capitaux dont la
rentrée est prompte et certaine ; il se dépêche dans les
commencements du bail de donner à ses terres toutes les
façons nécessaires pour qu'elles cèdent plus promptement
aux plantes les richesses qu'elles recèlent dans leur sein ;
puis, lorsque le terme du bail approche, il devient plus
négligent, moins disposé que jamais à faire, même les opérations les plus simples et les moins coûteuses, et le domaine qui lui a été loué en souffre nécessairement beaucoup, alors même qu'il est encore assez honnête pour ne
pas surcharger les terres de récoltes et les épuiser complètement.

Tous ces inconvénients ont fait généralement préférer
en Angleterre les baux à longs termes. Ces baux y sont
aujourd'hui très-usités. Ils ne sont pas à beaucoup près
aussi communs en France où l'on préfère généralement
les baux à courts termes. Par suite de regrettables préjugés, un grand nombre de propriétaires s'imaginent
qu'un long bail est presque une dépossession de leurs
droits, et sous l'influence de cette malheureuse idée, ils
choisissent des baux dont la brièveté a pour effet de dé-
courager par avance les efforts des fermiers et de priver

la terre des améliorations foncières qui en augmenteraient la valeur et la vente pour l'avenir.

Toutefois, avec d'incontestables avantages, les baux à longs termes présentent aussi quelques inconvénients.

Ainsi, qu'on vienne à faire passer une route, un canal, un chemin de fer à proximité d'un domaine qui était privé auparavant de toute communication ; aussitôt la valeur de ce domaine s'accroît considérablement; s'il a été affermé pour une longue période, le propriétaire dont le revenu reste le même, n'a aucune part à cet accroissement de valeur. Le contraire peut également se réaliser. Si la valeur du domaine affermé vient à décroître par suite de circonstances indépendantes de la volonté de ceux qui l'exploitent, le fermier se trouve obligé de payer une rente qui n'est plus en rapport avec la valeur actuelle de la ferme et dont le fardeau l'écrase.

Nous dirons donc en terminant l'examen du mode de faire-valoir par fermage, que ce mode convient généralement aux localités où la grande culture qu'il favorise, est facilitée par la richesse de la contrée, par les spéculations qui y sont adoptées, par le développement de son industrie manufacturière ; mais qu'on ne doit jamais introduire le fermage dans les localités où la classe agricole est ignorante et pauvre et où les autres industries sont très-peu développées.

Dans ce cas, il faut avoir recours au métayage. La raison en est fort simple : dans le métayage, le partage des récoltes se fait en nature ; elles sont pour la plupart destinées à être converties en argent. Ce système de faire-valoir convient donc aux pays pauvres et dépourvus de voies de communication ; dans le fermage, au contraire, la plus grande partie des denrées sont des denrées de vente ; elles sont destinées à être converties en argent pour le paiement de la rente ; il faut que le fermier trouve des débouchés assurés et faciles, afin de se défaire promptement des produits de son exploitation.

Enfin, en ce qui touche les intérêts du sol, il faut éviter autant que possible d'affermer des terres trop faciles à épuiser : telles sont par exemple les terres calcaires qui, douées d'une grande activité, consomment bien plus rapidement que les autres les engrais et le travail qu'on leur applique.

4. MÉTAYAGE.

Le bail à métairie ou bail à partage des fruits, que l'on désigne vulgairement sous le nom de métayage, est un contrat par lequel le propriétaire d'un domaine le donne à cultiver à un homme qui s'appelle *métayer* à la condition d'en partager le produit avec lui.

Ce système, en usage dans presque tout le midi de l'Europe, ainsi que dans la moyenne partie des départements de l'Ouest, du centre et du midi de la France constitue une association véritable et assez étroite entre le métayer et le propriétaire du fonds. — L'un et l'autre réunissent en effet dans un but commun, l'exploitation du sol et les capitaux dont ils peuvent disposer.

Ordinairement, le propriétaire apporte dans l'association le domaine, les bâtiments, tout ou partie du bétail, des instruments et des semences ; de son côté le métayer y apporte son industrie, ses bras et ceux des membres de la famille, et les produits de la terre ainsi exploitée en commun se partagent par moitié.

Telles sont, dans leur plus grande simplicité, les conditions ordinaires du bail à partage des fruits. Elles diffèrent cependant dans un grand nombre de localités.

Dans le département de la Loire, le propriétaire du fonds et le métayer fournissent en commun les semences et le bétail chacun par moitié. Quant au mobilier, et aux instruments aratoires nécessaires à l'exploitation du sol, le propriétaire en fait ordinairement l'avance à son métayer qui lui en rembourse chaque année une partie de la valeur sur ses bénéfices, et auxquels ils appartiennent en propre.

Tous les produits se partagent par moitié, sauf le laitage, pour lequel le métayer donne, par année et par vache 8 à 12 livres de beurre, et la volaille, dont les produits appartiennent en entier au métayer moyennant une redevance annuelle d'un certain nombre d'œufs et de poulets déterminé par les usages locaux. Néanmoins, les canards font exception à cette règle et se partagent par moitié.

Quand on engraisse des bœufs, des moutons ou des porcs et qu'on leur donne du grain, tel que de l'orge, du seigle ou de l'avoine, le propriétaire et le métayer en prennent chacun la moitié à leur charge, et le produit de la vente des animaux gras se partage également par moitié. La laine se partage aussi par moitié.

Les produits de la tonte des haies et de l'élaguage ou du nettoiement des arbres appartiennent au métayer, mais il ne peut en arracher ni les souches ni les racines qui appartiennent au propriétaire seul.

L'établissement de fossés neufs se fait par moitié entre les parties ; mais l'entretien des fossés une fois établi est à la charge du métayer seul. Les frais de chaulage se partagent ordinairement par moitié ; cependant le propriétaire en prend quelquefois les deux tiers à sa charge. Il est encore pourvu à l'achat de la chaux nécessaire au chaulage avec l'argent provenant de la vente des pailles, dont le métayer a le droit de vendre une partie, et dont le prix se partage par moitié.

Le battage des grains se fait aux frais du métayer, qui doit fournir quatre hommes pour exécuter ce travail. On peut dire cependant que le propriétaire y contribue pour un sixième de la dépense totale, car il fournit un homme chargé de veiller à ce que ses intérêts ne soient pas lésés, mais qui, tout en surveillant, n'en travaille pas moins comme les autres. Les grains, nous l'avons déjà dit, se partagent par moitié, mais on prélève la semence avant le partage.

Chaque métayer possède un jardin d'environ deux ares, dont les produits n'appartiennent qu'à lui seul.

Il ne peut rien vendre ni rien acheter sans autorisation. Il lui est également interdit de rien changer aux cultures sans l'agrément du propriétaire.

Il paie chaque année au propriétaire une redevance en argent qui, pour une métairie de 25 à 40 hectares, varie de 100 à 240 francs, et qui représente à peu près les impositions. Chaque métayer doit entretenir au moins un domestique valide, et le propriétaire a le droit de lui faire faire toutes les corvées qu'il juge à propos de lui imposer.

On passe rarement un bail, et le propriétaire peut renvoyer son métayer à l'époque consacrée de la Saint-Martin, en le prévenant toutefois six mois à l'avance.

Dans le département de l'Ardèche, les conditions du métayage présentent quelques différences, et le métayer y est plus durement traité.

D'abord, on a l'habitude de passer des baux sous seings-privés, ordinairement de quatre ans, et le propriétaire se réserve les bois et la feuille des mûriers, qui ne sont jamais compris dans le bail.

Le métayer doit entretenir constamment sur la métairie trois hommes robustes et capables de vaquer aux travaux de la culture. Mais cette clause est rarement exécutée à la lettre.

Les produits en vin, grains, pommes de terre, chanvre, noix et fagots de vignes, sont partagés par moitié entre le propriétaire et le métayer, sauf les œufs et le laitage, qui appartiennent en totalité au métayer, moyennant une redevance annuelle en argent.

Mais avant tout partage, et cette clause est fort dure pour le métayer, on est dans l'usage de prélever au profit du propriétaire environ 3 hectolitres 1/2 de froment, plus la vingt-quatrième partie de tout le blé récolté sur le domaine, et la vingt-quatrième partie de toute la récolte en vin.

Les semences sont fournies par moitié, ainsi que le fourrage et le fumier dont on pourrait avoir besoin.

La dernière année, le métayer ne peut faire consommer que la seconde coupe des prairies naturelles et artificielles. La première coupe doit être convertie en foin et conservée dans le grenier. Il est également tenu de plâtrer les prairies avant sa sortie.

Le propriétaire a le droit de lui imposer les corvées qu'il juge nécessaire, et de lui interdire tout travail pour les étrangers. Mais cette dernière partie de la clause est très mal observée.

Les plantations d'arbres sont à la charge du propriétaire, mais le métayer doit faire les trous qu'elles nécessitent, quels qu'en soit le nombre et les dimensions.

Enfin, le métayer est tenu à l'entretien des toits et à quelques grosses réparations ordinairement à la charge du propriétaire.

Le métayage offre d'ailleurs quelques avantages dont on doit lui tenir compte. La stabilité des conditions des baux place le métayer dans une position à cet égard bien supérieure à celle du fermier. A chaque renouvellement du bail, le fermier peut craindre qu'un concurrent ne vienne lui enlever, à l'aide de surenchère, un domaine auquel il aura consacré peut-être des avances assez considérables, dont il ne jouira jamais. Rien de semblable dans le métayage. Les conditions sont les mêmes pour tous, et lorsqu'un métayer est probe, intelligent et actif, il a la certitude de conserver pendant sa vie sa métairie, et de la transmettre même à son fils après sa mort. Dès lors, le colon partiaire acquiert, par la fixité même de sa position, une sorte de considération qui le met bien au-dessus du simple manouvrier obligé de vivre au jour le jour, et lorsqu'il sait vivre en bonne intelligence avec le propriétaire, sa condition, misérable peut-être aux yeux de l'observateur superficiel, est au contraire assez douce. Si la classe des métayers n'est jamais bien riche, elle ne connaît du moins que bien rarement les besoins et la misère.

D'ailleurs, le métayage est, dans beaucoup de circonstances, une nécessité à laquelle il faut se soumettre, et il offre des avantages incontestables. Bien compris, ce serait le moyen le plus sûr et le plus efficace de guérir la plaie de l'absentéisme et de remédier à l'épuisement des terres ruinées par l'avidité des fermiers sans probité et sans conscience. Quant à ses inconvénients, ils disparaîtront peu à peu, lorsque la vulgarisation des sciences économiques et agricoles permettra aux propriétaires de mieux comprendre leurs véritables intérêts.

On trouverait enfin dans ce mode de faire-valoir le moyen de faire cesser en partie l'hostilité fâcheuse qui règne trop souvent entre les capitalistes et les travailleurs, hostilité que le fermage entretient au contraire par l'antagonisme qu'il fait naître du conflit des intérêts entre le propriétaire et le fermier.

« Dans les pays à métayage, dit M. de Gasparin, la population ne participe pas à ces agitations, qui sont le propre de ceux où se produisent des changements brusques et fréquents dans les positions. Les fortunes ne s'y font pas et ne s'y défont pas rapidement; des intrigues ayant pour but des déplacements mutuels, ne donnent pas naissance aux jalousies et aux haines entre les familles. Le vœu de chacun est de conserver la situation dont il jouit ; les propriétaires, comme les métayers, voient dans la tranquillité publique une garantie pour l'avenir de leurs familles, car les uns et les autres ont un héritage à transmettre ; les premiers la propriété ; les seconds le colonat. Dans les temps de révolutions, on a vu ces deux classes marcher d'accord, réunies sous le même drapeau, et l'histoire de la Vendée est un exemple frappant de leur unanimité. »

CHAPITRE VIII.

Programme : Culture des céréales. — Froment. — Seigle. — Orge. — Avoine. — Maïs. — Sarrazin.— Millet. — Sorgha. — Légumes secs. — Plantes oléagineuses, — textiles, — tinctoriales, — à produits divers. — La vigne. — Le pommier. — L'olivier. — Le mûrier. — Plantes fourragères et artificielles. — Plantes racines.

On donne le nom de céréales à des plantes de la famille des graminées, avec lesquelles on fait de la farine et du pain. Leur nom vient de Cérès, déesse qui présidait aux moissons au temps du Paganisme.

D'après l'importance de ces plantes, on peut les classer de la manière suivante : froment, orge, avoine, maïs ; on pourrait y ajouter le millet et le sorgha.

Les céréales n'existent nulle part à l'état sauvage ; elles sont évidemment le produit de la culture de quelque plante naturelle, mais il est impossible de dire où et quand cette culture a commencé. On peut présumer cependant qu'elle est originaire de l'Asie ; ce qui donnerait raison à cette croyance, c'est la présence dans nos champs des bleuets et des coquelicots, compagnons inséparables des céréales d'Asie, et qui n'existent nulle part en Europe à l'état sauvage.

FROMENT.

Il y a deux sortes de froments ou blés : ceux qui se sèment en automne et passent l'hiver en terre pour lever au printemps ; ceux que l'on sème au printemps et qui ne passent guère que cinq à six mois en terre. Les premiers sont appelés blés d'hiver, et les seconds blés de printemps ou de Mars.

Les blés d'hiver sont les plus productifs et les plus cultivés ; ils se sèment en octobre ; on les divise en blés blancs et blés roux. Les variétés les plus estimées de la première série sont : le blé blanc de Bergues ou blanzé, dont la farine est de première qualité ; le blé de Hongrie qui lui est peu inférieur ; la touselle de Provence et la Richelle de Naples, que l'on cultive dans le midi.

Les meilleurs blés roux sont : le blé de Saumur et celui de Saint-Baud, d'origine française. Parmi les blés anglais, le blé rouge d'Ecosse, le blé rouge d'Oxford, celui de La Haye qui réussissent aussi bien dans le Nord que dans le Midi.

Toutes ces espèces sont sans barbes, et ont produit d'innombrables sous-variétés.

Parmi les blés barbus d'hiver, on distingue le poulard blanc, le poulard bleu, la pétanielle noire, la richelle barbue, le blé de Smyrne, de Pologne, etc. ; ils sont plus avantageusement cultivés dans le Midi que dans le Nord.

Les épeautres sont des espèces de blés barbus ressemblant assez à l'orge, et dont les balles restent adhérentes aux grains après le battage. Les principales variétés sont : la grande épeautre, la petite épeautre et l'épeautre d'Espagne.

La moyenne de rendement du froment est de six fois la semence, environ 18 hectolitres par hectare. Certaines terres peuvent cependant en donner trente, trente-cinq et même quarante hectolitres.

Quand une terre ne donne pas 10 hectolitres par hectare, on doit s'abstenir d'y semer du blé.

On a calculé qu'un hectare en blé produisait 1930 kilogrammes de paille et 20 hectolitres de grains.

La paille doit peser de deux à trois fois le poids du grain.

Le blé, premier choix, ne doit pas peser moins de 80 kilogrammes l'hectolitre ; ceux de première qualité, 78 à 79 kilogrammes.

Les blés ordinaires ou de seconde qualité, appelés aussi blés marchands, ne pèsent guère plus de 76 kilogrammes à l'hectolitre, et ceux de troisième qualité ne dépassent pas 75 kilogrammes.

SEIGLE.

Le grain du seigle est plus menu, plus long, plus brun que celui du froment ; sa farine donne un pain bis assez bon, mais peu nourrissant ; sa paille est très-estimée parce qu'elle peut facilement se travailler.

Les botanistes rangent cette plante parmi les orges, sous le nom de *horteum secale*.

On en cultive quatre variétés : le seigle d'hiver, le seigle de printemps, le seigle de Rome et le seigle de la Saint-Jean, nommé aussi Multicaule.

La première de ces variétés est la plus productive et la plus communément cultivée. Le seigle de printemps n'est guère employé que comme remplacement d'un seigle d'hiver manqué. Le seigle de Rome, le plus gros de tous, ne réussit que dans le Midi ; celui de la Saint-Jean se sème à la fin de juin, est employé comme fourrage en octobre, et donne néanmoins une récolte l'année suivante. Son grain est petit et de médiocre qualité.

Le rendement du seigle varie suivant la nature du sol., La moyenne est de 20 à 25 hectolitres par hectare, mais certaines terres privilégiées en produisent jusqu'à 30 et 32 hectolitres.

Quelquefois on sème un mélange de froment et de seigle qui donne un pain bis de très-bonne qualité. Ce mélange s'appelle *méteil*. Il serait plus simple de mêler les deux espèces récoltées séparément, car le froment met plus de temps à mûrir que le seigle. On doit avoir soin de choisir un froment hâtif et de faucher un peu avant sa maturité.

A l'automne, on peut ensemencer en seigle un terrain destiné à recevoir des pommes de terre ou des betteraves ; on se procure ainsi sans nuire à la récolte de ces racines, un excellent fourrage que l'on coupe au printemps, au moment de mettre le fumier.

On pourrait, à la rigueur, couper ou faire pâturer une céréale jusqu'au moment où les épis paraissent, et en tirer ensuite une récolte de grains ; mais la récolte sera d'autant moins abondante que le fauchage ou le pâturage auront été faits plus tard, et, dans aucun cas, cette pratique ne peut lui être favorable qu'autant que l'on pouvait craindre qu'elle versât par excès de fécondité du sol.

Nous ferons remarquer ici que les agriculteurs pensent généralement qu'il vaut mieux moissonner les céréales avant leur complète maturité : au moment où la paille commence à jaunir près de l'épi. Il est évident qu'alors le grain ne retire plus aucune nourriture de la plante. On pourrait même faucher cinq ou six jours avant cette époque, car la sève n'ayant plus qu'une faible action sur la plante ; la maturation n'en continue pas moins.

Le blé récolté avant sa complète maturité est toujours d'une qualité supérieure.

ORGE.

On dit souvent par comparaison : *Grossier comme du pain d'orge.* Cela vient de ce que l'orge seul ne donne qu'un pain rude et de mauvaise qualité. On l'emploie mélangée au froment et au seigle ; mais elle sert surtout à la fabrication de la bière et à la nourriture des bestiaux ou des animaux de basse-cour.

La moyenne de rendement pour l'orge est de 16 hectolitres, mais une bonne terre peut produire jusqu'à 30 hectolitres par hectare (l'hectolitre d'orge pèse de 64 à 65 kilogrammes).

On doit herser l'orge et la rouler lorsqu'elle montre ses feuilles. En général, le hersage a pour but de faire taller les céréales, c'est-à-dire de développer les pousses latérales ; il doit être donné de bonne heure. Un hersage tardif aurait l'inconvénient de faire taller les plantes à une époque où les nouveaux épis n'auraient plus le temps de mûrir.

L'AVOINE.

L'avoine est généralement cultivée pour la nourriture des animaux ; cependant, dans certains pays, on en fait de la bouillie et du pain d'un goût peu agréable, dont les habitants se contentent dans l'impossibilité où ils sont de s'en procurer d'autre.

Les avoines blanches sont préférées dans le Nord de la France, les noires sont cultivées dans les départements du Centre et du Midi. Parmi la première, on cultive particulièrement l'avoine blanche des Flandres, l'avoine patate, l'avoine de Georgie, l'avoine blanche de Hongrie. Parmi les secondes, les meilleures sont celles de la Brie, de la Beauce, appelée Joannette, et l'avoine noire de Hongrie. Ces trois dernières variétés se sèment au printemps. L'avoine d'hiver se sème en septembre et mûrit plus tôt que les autres.

Le rendement de l'avoine varie de 20 à 60 hectolitres par hectare ; l'hectolitre de bonne qualité pèse de 42 à 45 kilogrammes. C'est, de toutes les céréales, celle qui se conserve le mieux.

MAÏS.

La culture du Maïs, que l'on appelle aussi improprement blé de Turquie, offre de grands avantages ; elle peut réussir partout en France, et donne, outre un grain d'une conservation facile, un fourrage sain et nourrissant.

On sème cette plante en avril ou mai, dans une terre ayant reçu trois labours, dont deux en automne et un au printemps. On butte la plante quand elle a atteint 20 à 25 centimètres, et, quinze ou vingt jours après, on recommence la même opération.

Les épis mâles (ceux qui ne portent pas de graine) sont coupés après la fécondation, et procurent un excellent fourrage ; quand les épis femelles sont bien développés, on peut encore débarrasser la tige des feuilles dont elle n'a plus besoin.

En facilitant la maturité des épis, on se procure ainsi une seconde récolte de fourrage.

La récolte se fait en septembre ou octobre. Dans un terrain fertile, le maïs peut rendre 60 hectolitres par hectare. Un hectolitre pèse environ 75 kilogrammes.

En Bretagne, on cultive beaucoup le sarrazin, dont le grain fournit une farine avec laquelle on fait de la bouillie et des galettes qui servent à la nourriture des classes laborieuses, dans cette contrée où l'on mange peu de pain.

Le *Sarrazin* vient facilement dans les terrains siliceux, maigres et épuisés. On le sème en juin, ce qui permet de le faire précéder d'une récolte de vesces ou de trèfle incarnat semés en automne. Sa culture est des plus faciles : on choisit pour le récolter le moment où la plante est suffisamment chargée de grains mûrs, car il est impossible de profiter de la récolte entière, les épis portant à la fois des fleurs, des grains à demi-formés et d'autres parfaitement mûrs qui s'égrènent au moindre choc.

On en récolte en moyenne 15 à 18 hectolitres par hectare ; l'hectolitre pèse environ 66 kilogrammes.

Le *millet* se cultive en petite quantité dans le Midi et l'Ouest de la France. Le grain revêtu d'une écorce dure et lisse fournit un aliment lourd et indigeste sous forme de gruau et de semoule. Son rendement est de 20 à 25 hectolitres par hectare.

Le *Sorgho* n'est pas considéré comme plante alimentaire ; cependant il tient lieu de blé aux nègres de l'Afrique centrale.

On le cultive dans le Midi, mais la graine est donnée aux volailles. La paille sert à faire des balais blancs.

LÉGUMES SECS.

On désigne sous ce nom les haricots, les pois, les fèves et les lentilles dont les différentes variétés se cultivent dans les jardins et dans les champs.

Les *haricots* ont deux variétés principales, les haricots à rames et les haricots *nains*. Parmi les premières, on cultive le haricot blanc de Soissons, le sabre-blanc, le blanc de Liancourt, le rouge de Prague et le haricot beurre de couleur noire. Les haricots nains le plus généralement cultivés sont le nain de Soissons, le sabre nain, le flageolet suisse de Bagnolet, le haricot nain du Canada.

Ce légume est très-sensible à la gelée, on ne doit guère le planter avant la deuxième quinzaine du mois de mai, il aime une terre légère et bien labourée.

Les perches se mettent en place aussitôt que les feuilles sont poussées.

Dans un bon terrain les haricots à rames peuvent donner de 25 à 30 hectolitres par hectare, les haricots nains de 15 à 20 hectolitres seulement.

On cultive les fèves en grand à l'Ouest et au Midi de la France ; elles ont la propriété de bien préparer les terrains destinés à produire le blé beaucoup plus beau et plus productif quand il a été précédé de cette récolte. On peut les planter en automne ou au printemps dans une raie de charrue et laisser un espace de deux raies sans semer.

Non seulement les fèves produisent un fourrage d'excellente qualité, mais les grains concassés ou détrempés dans l'eau conviennent très-bien aux chevaux, aux bœufs à l'engrais et aux porcs.

Le rendement est en moyenne de 15 à 16 hectolitres par hectare.

On cultive les pois sur une grande échelle dans le centre de la France.

Ses variétés principales sont le pois vert normand qui conserve une teinte verte après sa maturité, le pois ridé, le nain de Bretagne et le pois Michaux.

On cultive aussi une espèce de pois dont les cosses vertes sont succulentes, et que l'on appelle pour ce motif *mange-tout*.

Le fourrage vert du pois est de très-bonne qualité, mais son rendement est variable ; à peine si dans certaines années il rend la semence tandis qu'en autre temps il produira 15 hectolitres par hectares.

L'histoire d'Esaü nous apprend que les *lentilles* étaient cultivées en Orient dès la plus haute antiquité ; on les cultive dans le Midi de la France.

La graine est un de nos légumes secs les plus estimés et la paille fournit un excellent fourrage aux bestiaux.

PLANTES OLÉAGINEUSES.

Les plantes oléagineuses ou olifères sont celles dont les graines séchées, broyées et pressurées produisent de l'huile.

Les plantes oléagineuses, cultivées en France, sont : le colza, la navette, le pavot, la cameline, l'olivier.

Le *colza* est une espèce de choux ramifié dont on distingue deux variétés : le colza d'hiver et celui de printemps.

La première se sème en pépinière dans le courant de juillet pour être planté en septembre, soit à la charrue soit au plantoir. Le terrain doit être bien fumé et avoir reçu trois labours.

Au commencement de la floraison des ouvriers étêtent le plant afin de faire refluer la sève au profit des fleurs qui se développent alors rigoureusement et produisent une graine de bonne qualité.

Le colza de printemps ne se transplante pas. On le sème vers le 15 mai pour le récolter en automne. Sa récolte n'est pas aussi abondante que celle du colza d'hiver ; pendant que ce dernier donne 25 à 30 hectolitres de graine à l'hectare, le premier n'en produit que 15 à 18 hectolitres ; aussi la cultive-t-on rarement.

Le colza ne doit pas être récolté trop mûr : on le scie au moment où les cossettes commencent à jaunir ; ils achèvent de mûrir sur la terre où on les laisse un jour ou deux, après quoi il est placé sur de grandes toiles, puis battu sur place.

La *navette* donne une huile peu inférieure à celle du colza et sa culture exige moins de soin. On la sème sur place ; quand elle est levée, on l'éclaircit de manière à ce que le plant se trouve espacé de 20 à 25 centimètres en tous sens.

Il en existe de deux espèces : la navette de printemps et la navette d'hiver. La première se sème surtout en remplacement d'un colza d'hiver détruit par la gelée ; son rendement est d'environ 18 à 20 hectolitres de graine par hectare ; la navette d'hiver est moins productive que celle de printemps ; elle ne peut donner que 12 à 15 hectolitres.

La culture du *pavot* demande une grande précaution et des soins assidus. Son huile tient le premier rang après celles des oliviers, on en fait un commerce très-important.

Il y en a trois espèces principales : le pavot-œillette commun, le pavot blanc et le pavot aveugle.

La première seule est cultivée dans les champs.

Un hectare de pavot peut produire 20 à 25 hectolitres de graine.

La *cameline* est peu cultivée en France. L'huile que l'on retire de sa graine sert à la fabrication du savon. Cette plante se sème en mars ou avril et sa récolte se fait comcelle du colza.

Souvent elle croît spontanément dans les champs de lin.

PLANTES TEXTILES.

Les plantes textiles sont celles dont la tige fournit une filasse propre à fabriquer le fil et l'étoffe.

Les plus généralement cultivées sont le *lin* et le *chanvre*.

Le lin était connu aux époques les plus reculées. On en compte de nombreuses espèces : le lin à fleurs bleues, le lin à fleurs blanches d'Europe et le lin à fleurs blanches d'Amérique.

Cette plante exige de nombreux travaux soit comme préparation soit comme culture.

Le sol qui lui est destiné doit être fumé et pulvérisé avec soin. On sème en mars les lins hâtifs et en mai les lins tardifs : les premiers sont les plus avantageux.

Il faut arracher les plants avant la complète maturité de la graine, dès que les tiges ont pris une nuance jaunâtre, afin d'obtenir une filasse plus fine.

La graine est utilisée alors pour l'extraction de l'huile de lin et pour la fabrication des farines de graine de lin employées en médecine comme émollients. Quand on veut la faire servir comme semence, it faut laisser mûrir davantage

Le *rouissage* est une opération qui consiste à faire décomposer l'écorce dans une eau courante ou stagnante pour en retirer plus facilement la filasse adhérente à la tige.

Pour rouir le lin on l'étend sur une prairie pendant les mois de janvier et de février, en ayant soin de le retourner de temps en temps ; ou bien on le laisse plongé dans l'eau des mares ou des ruisseaux.

La première méthode de rouissage, dite *à la rosée*, exige un mois et quelquefois deux ; il s'agit souvent de dix à quinze jours pour le rouissage à l'eau stagnante ou à l'eau courante.

Quand le rouissage est terminé on fait sécher le lin, puis on l'étend sur un pré où il reste environ quinze jours ; on le met ensuite dans un four tiède pour le préparer au broyage ou teillage.

Le broyage se fait à l'aide d'un instrument en bois appelé *broic*, garni à l'intérieur de lames qui se croisent. D'une main, l'ouvrier soulève le couvercle supérieur terminé par un manche, de l'autre, il place le lin où le chanvre entre les lames de l'instrument et celles du couvercle, puis en frappant, il broie la tige qui tombe en petits morceaux.

Un hectare de terre bien préparée peut produire de 10 à 12,000 kilog. de branches de lin. 109 kilog. de lin séché donnent après le teillage 24 kilogr., lesquels peignés se réduisent à 12 ou 14 kilogr. de filasse.

Le chanvre est une plante dioïque, c'est-à-dire que les fleurs mâles et les fleurs femelles naissent sur des pieds séparés.

Sa culture est d'autant plus importante qu'il est généralement d'une réussite plus assurée que le lin et que sa filasse peut servir au cultivateur à confectionner la majeure partie de ses vêtements.

Le chanvre demande un sol riche, bien engraissé ; aussi vient-il parfaitement sur l'emplacement des étangs désséchés.

Avant l'hiver, on bêche le terrain destiné à la culture du chanvre et on le dispose en billons très-bombés pour le laisser reposer jusqu'au printemps. Un mois ou deux avant la semaille on ratisse la terre pour la rendre meuble, on fume puis on sème assez épais et on recouvre soigneusement la graine. Pour terminer on divise le terrain en planches à l'aide d'une bêche.

La graine peut fort bien s'enterrer avec un bon hersage après lequel on étend une seconde couche de fumier.

Quand le chanvre est levé, quelques cultivateurs le garantissent des gelées auxquelles il est très-sensible, en semant sur les feuilles de la cendre de foyer.

Le chanvre mâle mûrit le premier ; quand il est défleuri on l'arrache, et on laisse le chanvre femelle sur pied jusqu'à ce que la graine soit mûre. Dans quelques pays on coupe à la fois mâles et femelles lorsque les fleurs des premiers sont passées.

Le rouissage et le teillage du chanvre se font comme ceux du lin. L'odeur infecte qu'il répand oblige à éloigner les routoirs des habitations. On ne peut l'opérer dansles rivières, car tout le poisson serait empoisonné.

Plantes tinctoriales.

LA GARANCE.

La culture de la *garance* a été importée en France par un Persan nommé Althed, converti au christianisme, qui était venu habiter le comtat d'Avignon. Après de longs efforts couronnés de succès, cet homme courageux et entreprenant eut la satisfaction de doter son pays adoptif d'unenouvelle source de richesse. Le département du Vaucluse, en mémoire de ce bienfait, lui a érigé une statue.

La couleur rouge-garance a été adoptée pour les pantalons de l'armée, et on extrait de cette racine un rouge à l'usage de la peinture presque aussi beau et moins coûteux que celui que l'on tire de la cochenille.

On sème la garance du premier mars au quinze avril sur des planches de 1 m. 50 de largeur et séparées entre elles par des sentiers larges de 0ᵐ 50 cent. A l'aide d'une binette on ouvre des raies distantes les unes des autres de 0ᵐ 30 cent. environ et dans lesquelles on dépose la graine.

L'arrachage demande une grande surveillance de la part du cultivateur; les parties inférieures des racines laissées en terre étant les plus riches en principes colorants, la négligence des ouvriers lui causerait une perte sérieuse. Pendant la culture on a dû butter à plusieurs reprises; les sentiers qui séparent les planches ont atteint en profondeur le niveau de l'extrémité inférieure des racines.

On commence par la ligne la plus rapprochée de la rigole de séparation entre deux planches ; on déchausse les racines en jetant la terre dans la rigole ; des femmes ou des enfants les ramassent et les étalent sur le sol.

Ces racines sont ensuite séchées et nettoyées avec soin pour être livrées au commerce.

La garance est une plante vivace : elle occupe le terrain pendant deux, trois et même quatre ans.

Un hectare bien cultivé peut produire 1,000 à 1,200 kilog. de racines.

LE PASTEL.

Le *pastel,* autrefois très-recherché dans les arts, a donné son nom à un certain genre de peinture, mais depuis la découverte de l'indigo, on peut le ranger dans la catégorie des plantes fourragères ; il n'est plus que rarement cultivé comme plante tinctoriale, et en tenant compte des frais d'extraction de la matière colorante, on trouve que cette culture ne couvre pas ses frais.

On le sème au mois d'août sur un sol riche, bien labouré et bien fumé, et il est propre à pâturer dans le mois d'avril suivant ; mais on a remarqué ce fait singulier que si certaines races de moutons l'acceptent et s'en trouvent bien, il en est d'autres qui le refusent obstinément et n'y veulent point goûter.

LA GAUDE.

La gaude est une sorte de réséda sauvage inodore, qui fournit une teinture jaune. On la sème à la fin de l'été et on la couvre, très-superficiellement, sans quoi elle ne lèverait point. On la sarcle au printemps, et vers le mois d'août, quand la graine est mûre ou à peu près, on l'arrache pour la faire sécher et la livrer par bottes au commerce.

SAFRAN.

Le *Safran* est peu cultivé en France. Cette plante vivace peut occuper une même terre pendant trois ans. Sa récolte exige un travail minutieux. Deux fois par jour, à l'époque de la floraison, chaque fleur doit être prise une à une pour en détacher le *pistil,* seule partie employée soit en médecine, soit en assaisonnement pour la cuisine, soit enfin pour en extraire la teinture jaune-clair employée dans les arts.

On plante les ognons du safran vers la seconde quinzaine de juillet et les fleurs commencent à se montrer vers le mois d'octobre. Cette culture pourrait réussir dans tout le centre de la France, mais elle n'est avantageuse qu'autant que le cultivateur pourra faire la récolte à l'aide de sa famille et n'aura pas d'ouvriers à payer.

Nous nous bornerons à mentionner simplement comme plantes tinctoriales la *renouée* des teinturiers, dont on extrait une couleur bleue ; le *tournesol* donnant aussi une couleur bleue utilisée par les habitants d'une seule commune du département du Gard ; enfin le *carthame* dont le principe colorant (rouge) réside exclusivement dans la fleur.

Toutes les plantes tinctoriales ne doivent être cultivées que sur commande où lorsqu'on a la certitude de vendre avantageusement les produits ; c'est du reste le procédé à suivre pour toutes les plantes industrielles dont la vente n'est pas assurée du jour au lendemain comme pour les céréales.

Plantes à produits divers.

LE TABAC.

Le *Tabac* est une plante annuelle découverte en 1560 par les Espagnols dans l'île de *Tabaco*, une des Antilles. Ses feuilles d'une odeur forte et d'un goût âcre sont devenues d'un usage général. Jean Nicot, de Nismes, ambassadeur de France en Portugal, l'apporta à Catherine de Médicis et bientôt on fit grand cas de cette plante à laquelle on attribua toutes sortes de vertus.

La création d'un impôt sur cette plante remonte en France à l'année 1629. On ne peut la cultiver sans autorisation de la régie qui détermine son mode de culture et jusqu'au nombre de plants et de feuilles que l'on peut laisser sur chaque hectare.

On sème le tabac en pépinière et on le repique dans

une terre douce, légèrement inclinée au n idi, si c'est possible, et abritée contre les vents violents. Il est à remarquer que la première récolte de tabac obtenue d'une bonne terre, qui en produit pour la première fois, est médiocre, que la seconde vaut mieux, et la troisième vaut davantage encore.

Les sommets des tiges doivent être supprimés avant la floraison. Les feuilles se développent ainsi davantage ; quand elles ont atteint leur maturité, ce que l'on reconnaît quand elles inclinent vers la terre et se couvrent de tâches jaunâtres, il faut se hâter de les récolter afin qu'elles ne sèchent pas sur pied, ce qui en diminuerait le poids au détriment du cultivateur. Le rendement d'un hectare en France est en moyenne de 1,800 kilogr. pour le nord et de 600 pour le midi.

Dans les pays où cette culture est libre, comme en Belgique, en Hollande, etc. la production s'élève de 4 a 5,000 kilogr. par hectare. La régie seule a droit de préparer le tabac en France ; on le lui livre en paquets nommés *manoques* après l'avoir laissé fermenter en tas pendant un certain temps.

Cette plante n'a guère à craindre que les gelées blanches et la grêle. Les insectes s'en tiennent éloignés, cependant les semis sont quelquefois ravagés par les li - maces. On les garantit en entourant les planches avec de la sciure de bois.

LE HOUBLON.

Cette plante, qui sert à fabriquer la bière, se cultive beaucoup dans le Nord-Est de la France, elle est dioïque comme le chanvre. Le houblon mâle ne donne aucun produit, mais il est bon d'en planter quelques pieds dans les houblonnières afin de féconder les fleurs femelles et d'en augmenter ainsi le volume et la qualité.

Cette plante demande une terre fraîche, riche, profonde. On défonce le sol à deux fers de bêche et on fume fortement l'année de la plantation et les années suivantes.

Le Houblon se multiplie par boutures : en automne, on plante de vieux pieds enracinés et l'on obtient une récolte dès l'année suivante ; ou bien l'on plante au mois

8

d'avril de gros rejetons détachés des vieux pieds avant qu'ils ne poussent, dans ce cas la récolte est presque nulle la première année.

La dépense la plus forte pour cette culture est l'achat des perches que l'on remplace quelquefois par des fils de fer posés suivant les lignes sur des piquets. Une baguette plantée à chaque pied met alors la plante en communication avec le fil de fer.

On butte le houblon lorsqu'il est un peu grand et on tient le sol bien net. Dans une houblonnière déjà établie on a soin de ne point laisser une trop grande quantité de jets à la base de chaque tige ; deux ou trois suffisent. Les autres doivent être arrachés dès qu'ils se montrent.

La récolte se fait en septembre par un temps sec, lorsque les cônes ou fruts ont pris une forte odeur et une nuance blanchâtre. Les pieds de houblon étant coupés, on enlève la perche afin de recueillir les fruits plus commodément. Ces cônes sont ensuite séchés dans les greniers, puis on les emballe dans de grands sacs pour les vendre.

Le rendement est très-variable ; quelquefois il est nul, d'autres fois il s'élève jusqu'à 2,500 kil. de cônes par hectare.

CARDÈRE.

La *cardère* est cultivée dans les pays où l'on fabrique des étoffes de laine. Ses têtes garnies de crochets servent à peigner les tissus ; les manufactures de draps en emploient pour cet usage de grandes quantités.

On les sème en mai ou juin en pépinières pour repiquer en automne. La récolte se fait l'année suivante, lorsque les têtes commencent à jaunir. On les coupe alors en laissant à chaque tige la longueur nécessaire pour pouvoir les lier en paquet.

On peut récolter de huit à neuf têtes sur un pied. Cette plante demande une terre profonde et une chaude exposition.

Parmi les arbres à produits industriels que cultive la France, nous devons citer la vigne, le pommier, l'olivier et le mûrier.

VIGNE.

Les variétés, cultivées dans les vignobles, sont nombreuses. Il y a des raisins rouges et des raisins blancs. Les *cépages* les plus recherchés sont : le raisin de St-Jean, le plus hâtif, le maurillon, le franc-pineau, le carbonet, le mallet, le verdot, le meunier, le merlier blanc, le muscadet, le clairet, la piquepoule ; le teinturier pour colorier les vins pâles. Le chasselas, le muscat, le malaga, le corinthe sont cultivés dans les jardins comme fruits de table.

La vigne craint la trop grande chaleur et le froid trop intense ; elle demande un sol léger et se plaît sur les coteaux exposés au midi.

Elle se reproduit par semis, par marcottes et par boutures. Dans les jardins on la cultive en *espaliers* ou sur treilles ; dans les champs, on soutient les ceps avec des *échalas*. Sa culture demande beaucoup de travail et de soin ; des labours et des binages fréquents, la taille, l'ébourgeonnement, le retroussage, etc. exercent sur la quantité et la qualité du raisin une influence dont se ressent nécessairement la qualité du vin.

La vigne est sujette à une maladie qui a paru pour la première fois en France en 1847 et a souvent ravagé nos départements viticoles. Le raisin noircit rapidement, la peau devient coriace, éclate en grossissant et se dessèche. On attribue le mal à une espèce de champignons : l'oïdium. Les produits des vignobles français principaux sont :

Vins de Bourgogne rouges : Clos-Vougeot. — Nuits ou St-Georges. — Chambertin. — Corton. — Volnay. — Pomard. — Beaune. — Chambole. — Pitoy. — Mâcon. — Beaujolais. — Vins blancs : Châblis. — La Goutte d'or. — Les Charmes. — Pouilly.

Vins de Bordeaux rouges : Château-Laffitte. — Château-Latour. — Château-Margaux, — Château-Haut-Brion. — Médoc. — St-Emilion. — Vins blancs : Grave — Sauterne. — Langon. — Blanquefort. — Barsac. — Bommes, etc.

Vins de Champagne blancs : Ay. — Epernay. — Sillery. — Mareuil. — Cramant. — Le Menil. — Vins rouges : Bourzy, Verzy, Verzenay, Cumières, Bagneux-la-Fosse, les Biceys, etc.

Citons encore les vins de l'Hermitage (Dauphiné); Moulin à Vent, Côte rôtie, Ste-Colombe (Lyonnais); Frontignan, Lunel (Languedoc); Grenache. St-André, Collioure (Roussillon .

La France cultive environ 2,5000,000 hectares de vigne, produisant en moyenne 50,000,000 d'hectolitres de vin.

LE POMMIER.

Le pommier se cultive dans le nord et dans l'Ouest de la France ; ses fruits produisent le cidre dont on récolte environ dix millions d'hectolitres par an, en Bretagne, en Normandie et en Picardie.

La pomme, un des principaux ornements de notre table, est de tous les fruits d'hiver celui qui se conserve le plus longtemps. On distingue les pommes douces et les pommes à cidre proprement dites. Parmi les premières, nous citerons : Les reinettes, — les apis, — les pigeonnets, — le court-pendu, — les calvilles, — les passe-pommes, — le rambour d'été et le rambour d'hiver, — la pomme de paradis.

Le pommier se plante en plein champ, dans les pâtures ou sur le bord des champs, il n'aime pas les terrains trop humides ni trop secs. On le propage par semis, puis on le greffe, soit en fente, soit en écusson, pour le transplanter ensuite. Son bois est recherché par les menuisiers et les ébénistes.

L'OLIVIER.

Cet arbre, dit-on, fut introduit en Europe par les Phocéens, fondateurs de Marseille, 600 ans av. J C. Il se multiplie par graine et par boutures ; sa durée est de 2 à 3 siècles. — La partie charnue de son fruit, l'olive, contient la meilleure de nos huiles à manger.

Cet arbre se taille tous les ans ; il se plaît sur les coteaux exposés au soleil dans des terrains pierreux et demande à être labouré et fumé de temps en temps ; on le butte en hiver pour le préserver du froid.

LE MURIER.

Les feuilles de cet arbre servent de nourriture aux vers à soie ; il a été importé en France en 1494, sous Charles VIII, après la campagne d'Italie, et sa culture fut très-favorisée et encouragée sous les règnes de Henri IV, Louis XIV et Louis XV.

On en distingue 3 espèces : la mûrier noir, le mûrier blanc et le mûrier multicaule. Dès que le mûrier a été dépouillé de ses premières feuilles, on le taille et il se propage par semis.

Il existe en Erance, dans le midi, des grandes *magnaneries*, établissements où l'on élève le ver-à-soie. Cette industrie occupe une population nombreuse. — Ce fut sous Henri IV que la sériciculture se propagea en France.

Le Bombyx, ou ver à soie, est originaire de la Chine. Son *Cocon* est ovale et formé d'un fil blanc, vert ou jaune.

Fig. 8. — Le Bombyx.

Les magnaneries doivent être très-bien aérées. Dès leur naissance, les vers exigent de grands soins ; il faut leur donner à manger au moins 12 fois en 24 heures, et changer les anciennes feuilles.

Les maladies des vers à soie sont nombreuses ; elles proviennent en général de la malpropreté, de l'accumulation dans un même espace, d'un trop grand nombre d'insectes et de l'atmosphère ou trop chaude, ou trop froide, ou trop humide.

Les papillons déposent leurs œufs sur des tables que l'on a eu soin de couvrir d'étoffes. La chambre d'*incubation* devra être chauffée de manière à élever sa tem-

pérature de un degré centigrade par jour. Cette température ne devra pas dépasser 25 degrés centigrades.

Il faut cinq jours aux œufs pour éclore.

On a calculé qu'une once (31 gr. 22) de graine produit
39,000 vers à soie, qui consomment 1,000 kilog. de
feuilles de mûrier et donnent 60 kilog. de cocons dont
on extrait 6 kilog. de soie.

PLANTES FOURRAGÈRES NATURELLES ET ARTIFICIELLES.

On appelle plantes *fourragères* celles qui servent exclusivement ou principalement à la nourriture des bestiaux ; elles appartiennent presque toutes, comme les céréales, à la famille des graminées, et constituent deux
espèces de fourrages : Les fourrages naturels et les fourrages artificiels. Les premiers sont produits dans les prairies, les seconds sont cultivés dans les champs.

On ne se servait autrefois que des prairies naturelles
pour nourrir le bétail, mais le nombre des terres cultivées augmentant, il a fallu recourir aux prairies artificielles ; ces dernières n'ôtent cependant pas toute importance aux premières. On ne saurait produire trop de fourrages ; lorsqu'il abonde, on élève une plus grande quantité de bestiaux et si l'on ne trouve pas toujours à vendre
le foin, les bestiaux ne manquent jamais d'acheteurs.

« Le bétail, disait Mathieu de Dombasle, est du foin
« qui prend des jambes pour se porter lui-même au
« marché. »

On distingue les prairies, d'après leur situation et la
qualité du foin qu'elles produisent, en prairie de vallées,
prés secs, prés de plaine, prés marécageux.

Les meilleures prairies sont celles des vallées, au bord
des rivières ou des ruisseaux, qui y entretiennent une
humidité bienfaisante ; elles se fauchent deux fois dans
l'année. Les prairies élevées ou sèches sont ordinairement
peu productives, mais elles donnent de très-bons foins ;
il en est de même des prairies de plaines situées entre les
champs. Les prés marécageux rendent beaucoup, mais
leur produit est de mauvaise qualité.

Les prairies demandent plus d'humidité que les
champs ; on ne pourrait tirer de meilleur parti des ter-

rains bas, humides, situés au bord des eaux et sujets aux inondations qu'en les laissant en prairies. Mais ilfaut leur donner quelques soins dans le but d'améliorer la qualité du fourrage et d'en augmenter la quantité. On doit détruire les mauvaises plantes, favoriser le développement des bonnes, mettre du fumier, dessécher, irriguer, drainer, suivant les circonstances.

Pour débarrasser les prairies des mauvaises herbes, les Hollandais les font pâturer aussitôt après la coupe du regain pardes bêtes à cornes, puis par un troupeau de moutons, et en dernier lieu, ils lâchent dedans de jeunes porcs qui ont jeûné pendant 24 heures. Pressés par la faim, ces animaux fouillent le sol ardemment pour dévorer les racines des mauvaises plantes. Au bout d'un certain temps la surface est entièrement bouleversée et il ne reste plus trace de **végétation**. Sur les places les plus dégarnies on répand de la graine et bientôt la prairie complètement nettoyée, se recouvre de verdure.

Parmi les nombreuses plantes, qui végètent dans les prairies, les meilleures sont le pâturin, dont il y a plusieurs espèces: l'ivraie dont l'une des espèces, le *ray-grass rieffel,* donne un fourrage grossier mais nourrissant. L'*avoine des prés,* peu productive en foin, mais recherchée des bestiaux; la *fétuque,* très-favorable à l'engraissement des bêtes à laine; la *fléole* des prés dont on forme de grandes prairies en Angleterre; le *vulpin* des prés, qui ressemble beaucoup à la fléole, très-odorant et recherché des bestiaux; l'*agrostide,* donnant un fourrage sucré très-estimé; l'*alpitre-roseau,* produisant un fourrage grossier estimé des bêtes à cornes: la *houlque* molle ou lumineuse, recherchée des bestiaux comme herbage; la *mélique,* très-nourrissante à cause de son épis long et fourni; le *dactyle,* dont la tige est dure et ressemble à de la paille; la *flouve* odorante, avec laquelle les marchands parfument les foins médiocres.

On peut encore citer, bien que de qualité inférieure, la *cynosure* ou *cretelle,* la *hiérachloë* boréale, l'*orge* des prés, l'*orge* bulbeuse, enfin la *glycérie* flottante.

Le cultivateur doit étudier les bonnes plantes de sa localité afin de connaître les plus productives et les plus recherchées du bétail.

Il aura soin aussi de choisir des plantes dont la maturité se fasse en même temps afin de ne pas avoir pendant la fenaison des herbes sèches et d'autres qui commencent à croître.

On donne le nom de *regain* à la seconde coupe que l'on fait ordinairement en septembre, et qui se traite de la même manière que le foin

Le regain donné aux vaches laitières et aux bœufs à l'engrais profite beaucoup plus que le foin de première coupe ; le contraire a lieu pour les chevaux.

On appelle pâturages permanents, ceux qui restent toujours dans le même état, que l'on ne convertit jamais en terres arables ; les pâturages *alternes* sont ceux qui deviennent tour à tour terres cultivées et prairies. Les premiers donnent parfois de grands bénéfices pour l'engraissement des bestiaux ; les seconds se conservent tant qu'ils sont en bon état, après quoi on les rompt pour les cultiver.

On doit avoir soin de couper les plantes auxquelles les bestiaux ne touchent pas avant qu'elles ne soient tournées en graines ; il faut aussi diviser le pâturage en plusieurs parties afin de donner à l'herbe le temps de repousser. Quand les bestiaux ont trop d'espace il courent beaucoup et gâtent avec les pieds plus d'herbes qu'ils n'en mangent

Les prairies *artificielles* sont une source de richesses pour l'agriculture ; on appelle ainsi les terres labourables dans lesquelles on a ensemencé différentes sortes d'herbes propres à la nourriture des bestiaux.

Les plantes les plus généralement employées, sont : le *trèfle commun ou trèfle rouge*, le *trèfle blanc*, le *trèfle incarnat*, la *luzerne*, la *lupuline*, le *sainfoin*, la *spergule*, le *fromental*, la *chicorée-sauvage* et le *chou*.

Le *trèfle commun* est un excellent fourrage, le plus important de tous ; on le sème ordinairement dans un seigle ou un froment d'hiver dès les premiers beaux jours de printemps ; quelquefois aussi dans du sarrasin et du lin, où il réussit très-bien.

Plus un trèfle est beau plus il améliore le sol ; au contraire un mauvais trèfle ne donne qu'un mauvais produit et laisse après lui le terrain plus épuisé et plus sale.

On ne doit donc le semer que dans un sol favorable. Après cette plante, le blé, l'avoine et les pommes de terre réussissent très-bien.

Le foin de trèfle est de première qualité ; néanmoins il est plus avantageux de le faire consommer à l'état de fourrage frais. Les feuilles se détachent et se perdent par la dessication, et ce sont elles qui contiennent la plus grande partie de principes nourrissants. 100 kilogr. de trèfle vert n'en donnent que 22 ou 24 kilogrammes de sec.

Une luzerne dure de 6 à 20 ans dans un bon terrain, elle peut donner par hectare 7 à 8,000 kilogr. de fourrage sec préférable au trèfle. Cette plante est originaire d'Amérique.

La *lupuline* ou *minette*, proche parente de la luzerne, ne dure que deux ans comme le trèfle, avec lequel on la mêle souvent. Elle croît facilement dans les terrains pauvres, et comme le trèfle blanc on peut la laisser pâturer sans danger par les bêtes à laine.

Le *sainfoin* est une plante sans égale parmi les fourragères ; elle fournit le meilleur de tous les fourrages, réussit dans les terres graveleuses très-calcaires et sous tous les climats, et fait passer en quelques années les terres à seigle au rang des terres à froment, propriété qu'elle possède seule parmi les plantes de sa nature.

Sa graine se cueille à la main lorsqu'elle est bien mûre. Un hectare peut en produire 10 à 14 hectolitres.

La *spergule* est une plante peu productive, mais elle fournit un excellent fourrage et donne une coupe au bout de deux mois, de sorte qu'on peut dans le même terrain la récolter trois fois dans l'année en commençant en février. Le beurre des vaches qui en sont nourries est de qualité supérieure.

La *chicorée sauvage* est un fourrage très-productif recherché des bestiaux. On la sème au printemps, quelquefois mêlée au trèfle et au sainfoin. Elle ne se fane pas.

On en cultive une variété pour sa racine qui, séchée, brûlée et moulue remplace en partie le café avec lequel on la mêle souvent. Pour obtenir la graine, on laisse mûrir la deuxième coupe et on la fauche lorsque les têtes s'enlèvent facilement à la main ; on la laisse ensuite en andains qu'on retourne jusqu'à ce qu'elle soit sèche. Alors elle est battue et l'on obtient par hectare 3 à 400 kilog., de graine qui se vend de 1 fr. à 1 fr. 50 le kilogramme.

Le *trèfle-blanc* est vivace, il s'élève moins que le trèfle commun, mais il est plus touffu et il supporte mieux la sécheresse et l'humidité. Les moutons peuvent en manger à discrétion sans craindre qu'il les fasse enfler comme pourraient le faire le trèfle et la luzerne. C'est pourquoi il est ordinairement pâturé.

Quand on le fauche il ne donne qu'une seule coupe.

Le *trèfle incarnat* ou *farouche* vient dans les terrains sablonneux, il est très précoce ; on le coupe dans le courant d'avril pour le donner aux bestiaux qui, fatigués de la consommation exclusive de fourrages secs, le mangent avec plaisir. Son foin est dur et peu nourrissant ; aussi ne le fane-t-on presque jamais.

La *luzerne* résiste aux sécheresses les plus prolongées et repousse à mesure qu'on la fauche, mais elle est assez difficile sur le terrain ; elle demande une terre riche, meuble, profonde, exempte d'humidité. De toutes les fourragères c'est la plus productive ; elle peut donner jusqu'à 12,000 kilogrammes de foin par hectare.

Le *chou*. — On possède une grande variété de ce légume. La plus cultivée en grand pour les bestiaux est le *chou-vache* ou *chou-cavalier*, qui donne un énorme produit très-recherché des animaux.

On sème le chou en pépinière au mois d'août pour le repiquer au plantoir en octobre dans un sol argileux propre et bien fumé ; on le sème encore en mars pour le replanter en mai.

Les feuilles sont récoltées en automne et pendant l'hiver, en commençant par celles du bas jusqu'à ce qu'ils montent en graine, ce qui arrive au printemps de la deuxième année. La tige se donne également aux bestiaux.

Dans les départements formés du Poitou on engraisse les bœufs avec cette plante. Les vaches qui s'en nourrissent donnent un beurre d'une qualité supérieure.

PLANTES-RACINES.

Les produits que fournissent les plantes racines sont de la plus haute importance ; ils sont utiles pour la nourriture de l'homme comme pour celle des animaux et sont employés dans les arts. l'industrie et la médecine. Ces plantes peuvent nous préserver des famines ou des disettes de fourrages dont les effets funestes tendent, avec leur aide, à diminuer de jour en jour. Aujourd'hui, sauf de rares exceptions, telles qu'une abondance de fourrages naturels ou artificiels, les cultivateurs qui les cultivent sont seuls à l'abri de toute inquiétude pour nourrir leur bétail.

Il faut bien le dire cependant, les racines sont loin d'être d'une culture facile, et la ténacité du sol est souvent un obstacle devant lequel s'arrête la bonne volonté du cultivateur.

Ces plantes permettent, par les cultures qu'elles reçoivent pendant leur croissance, la destruction des mauvaises herbes et servent ainsi de bonne préparation aux récoltes suivantes. Consommées en grande quantité par le bétail, elles augmentent la masse de fumier que l'on peut alors reporter sur des terres à céréales, et le cultivateur ne tarde pas à s'apercevoir de la vérité de ce principe : *que la production des grains n'est pas en raison de l'étendue ensemencée, mais bien en raison de la quantité d'engrais qu'on donne à la terre.*

Lorsque les *plantes-racines* pénètrent bien toutes les parties qui constituent un sol mouvant, elles en augmentent la valeur en lui donnant de la consistance.

Les *plantes-racines* les plus généralement cultivées, sont : la *pomme de terre*, la *betterave*, la *carotte*, le *navet* et le *topinambour*.

Il y a différentes espèces de *pommes de terre* ; les plus hâtives sont *les pommes de terre de St-Jean* ; les tardives sont les *truffes d'août*, les *violettes*, les *pommes de terre rouges* de Hollande ; enfin les *pommes de terre chardon.*

La pomme de terre est originaire du Pérou ; elle vient néanmoins dans les contrées froides ; tous les terrains lui conviennent, excepté cependant les marais et l'argile compacte. Elles viennent de meilleure qualité dans des terres de sable que dans de grosses terres.

On fume plus fortement les pommes de terre que l'on destine au bétail que celles que l'on réserve pour manger. On doit labourer profondément le terrain avant ou après l'hiver.

Pour le plant, il faut choisir des pommes de terre saines et choisies, les plus grosses peuvent se couper en plusieurs morceaux ; la plantation de pelures d'yeux ou de germes ne donne souvent qu'un faible produit.

Il a été reconnu que la pomme de terre laissée en terre pendant l'hiver après maturité, produit l'année suivante des tubercules sains et magnifiques, ce qui indiquerait que le magasin ne vaut rien pour leur conservation, et qu'il vaut mieux les planter en automne.

En effet, la pomme de terre entre en végétation aussitôt qu'elle est mûre ; au lieu de la planter de suite ainsi que le bon sens le voudrait, on la plante au mois d'avril, lorsqu'elle est déja épuisée par une végétation inutile, de sorte qu'au lieu de passer un an en terre, comme elle le devrait, elle n'y *passe réellement* que cinq ou six mois.

On doit choisir un sol qui ne soit ni compacte ni humide, planter des pommes de terre entières, les choisir très-saines provenant, si cela se peut, d'une plantation d'automne.

Enfin on doit, pour éviter les gelées, planter à trente centimètres de profondeur ; la pomme de terre pousse de bonne heure et peut mûrir avant que la maladie s'annonce sur les tiges de celles qui ont été plantées au printemps.

Afin de prévenir la maladie des pommes de terre, on a encore recommandé de couper les fanes dès que la maladie se déclare sur les feuilles ou mieux encore un peu avant ; cette opération diminue de beaucoup l'intensité de la maladie mais ne la détruit pas ; ce moyen n'est cependant pas à négliger.

Les pommes de terre servent à faire de l'eau-de-vie et de la fécule ; elles sont mangées par toute espèce de bétail ; mais il est préférable de les donner cuites, elles sont alors plus nourrissantes.

Dans les bons terrains, et quand elles ont été épargnées par la maladie, les pommes de terre peuvent fournir deux cent cinquante hectolitres par hectares, mais un rendement de deux cents hectolitres est facile à obtenir quand la maladie a été combattue avec succès.

LA BETTERAVE.

La culture de la *betterave* a acquis une grande importance tant pour la nourriture des bestiaux que pour la fabrication du sucre et des alcools. Cette plante réussit très bien en France car elle supporte la sécheresse, et les gelées lui font peu de tort.

Les espèces les plus cultivées sont : la *rose* et la *blanche de Castelnaudary*, la *betterave commune à sucre*. La richesse de ces variétés varie de 15 à 20 pour cent de leur poids, suivant la nature du sol, le climat et l'exposition. Une betterave peut cependant passer pour bonne quand elle donne douze pour cent de son poids en sucre.

On peut récolter quarante, cinquante et même soixante mille kilogrammes de betteraves sur un hectare de bonne terre.

La plupart des fabricants de sucre de betterave savent fort bien profiter des circonstances où ils se trouvent placés pour l'écoulement de leurs résidus. Ils ont inventé d'admirables procédés pour les utiliser en les associant aux autres substances nutritives afin de retirer le plus possible en viande, laine, lait et engrais.

Son sucre indigène est une des créations les plus utiles de notre siècle. Au point de vue de l'agriculture, les avantages de sa fabrication sont des plus importants : la culture de la betterave nettoie et approfondit la couche *arable*, elle dispose parfaitement la terre pour les autres cultures ; enfin comme les résidus sont employés à la nourriture des bestiaux, elle améliore le sol au lieu de l'épuiser, attendu que les principes qui peuvent fertiliser la terre y retournent presque entièrement.

Le *topinambour* peut être cultivé avec succès dans tous les sols ; il ne demande pas de fumier, et une fois qu'il s'est emparé d'un terrain, on l'en débarrasse difficilement.

Les frais de culture de ce tubercule sont insignifiants ; ses feuilles et ses jeunes pousses donnent un fourrage excellent. On peut les couper plusieurs fois.

Il existe peu de plantes pour rendre autant de services que le topinambour, qui donne dans des terrains peu fertiles de 8 à 10,000 kil. par hectare sans compter les feuilles et les tiges que l'on peut utiliser comme four-rages.

Les *navets* prospèrent dans des terres légères, siliceuses, peu fertiles ; on peut les semer à la suite d'une céréale d'hiver. On doit avoir soin de ne pas les laisser exposés à la gelée, car alors les animaux qui en mangeraient seraient exposés à la diarrhée.

Les meilleures espèces sont : le navet d'Auvergne, le navet rond, le rond de Hollande, la rave longue, le navet rose du Palatinat.

CHAPITRE IX.

Programme : Conservation des récoltes. Semailles. Transplantations. Moisson. Battage. fenaison.

La conservation des produits de l'agriculture demande des soins intelligents et assidus. On ne doit rien laisser perdre, et comme il n'est pas possible de vendre aussitôt les récoltes faites, il faut les garantir de l'humidité, des insectes, des rats et des souris.

Les grains doivent être battus après la moisson et placés dans les greniers où on les remue très-souvent à la pelle pour prévenir la fermentation, assurer la dessication complète, détruire le charançon, la teigne ou l'alucite.

On pourrait détruire le charançon, ce redoutable ennemi des céréales, en étendant sur les tas de blé des peaux de moutons fraîchement tués, la laine étant mise en dessous. La laine attire les insectes ; on les enlève ainsi facilement pour les donner en pâture aux volailles.

Cette opération doit être renouvelée plusieurs fois.

Un autre moyen bien simple pour débarraser le blé des charançons est de faire disparaître le grain du grenier et de le remplacer par une trentaine de pommes coupées par le milieu. Dès le lendemain le dessous des fruits sera couvert de ces insectes. On remplace les pommes par de nouvelles et ainsi de suite jusqu'à ce qu'il n'en vienne plus.

La filasse du lin et du chanvre demande aussi à être préservée de l'humidité ; on doit prendre surtout de grandes précautions contre l'incendie; règle générale : personne ne doit monter la nuit dans un grenier renfermant des matières inflammables avec une lumière autre qu'une lanterne.

Les pommes de terre, les carottes et les betteraves se conservent dans des caves, des celliers ou des silos creusés dans la terre ; ces racines sont ainsi garanties de la gelée.

Pour conserver les choux, on les arrache dans le courant de novembre, puis on ouvre une rigole dans laquelle les têtes sont enterrées, les racines restant au dehors. Une seconde rigole est ouverte, avec la terre on recouvre la première, et l'on continue ainsi.

Les choux se conservent de cette façon jusqu'au mois de mai. Pour faciliter l'arrachage pendant les grandes gelées, on peut en couvrir une partie avec de la paille ou du fumier.

Les céréales sont sujettes à certaines maladies occa-sionnées par la croissance sur leurs tissus de végétaux parasites ; ainsi les froments, les seigles et les orges, pendant qu'ils sont encore verts, sont attaqués par une espèce de champignon qui les fait jaunir. Plus tard les épis à leur tour peuvent être atteints du *charbon*, de la *carie* et de l'*ergot*.

La vigne est aussi attaquée par un champignon du genre oïdium, qui lui cause le plus grand dommage ; heureusement on a trouvé à cette maladie un remède consistant dans l'emploi de la fleur de soufre répandue à l'aide de soufflets sur les feuilles encore humides de la rosée du matin. Ce moyen est d'une efficacité certaine, on a ainsi préservé des vignobles d'une grande étendue.

Beaucoup de plantes sont nuisibles aux prairies, il faut s'attacher à les connaître pour les détruire. Telles sont les *laiches*, les *roseaux*, le *calchique*, les *renoncules*, la *ciguë*, que l'on est souvent obligé d'arracher pour s'en débarrasser, mais qui disparaissent parfois d'elles-mêmes sous l'influence du drainage.

Parmi les animaux nuisibles à l'agriculture on a généralement classé en première ligne la *taupe* dont la destruction a donné naissance dans certains pays à l'industrie des taupiers, qui leur font une chasse acharnée à l'aide de fers ou piéges à taupes.

Avec un peu d'observations il est facile de comprendre

que cette destruction est l'effet d'un préjugé qu'il est utile de combattre.

En effet, la taupe ne se nourrit que de rats, de musaraignes, de campagnols, de surmulots, tous ennemis nés des produits agricoles, sans compter les larves de hannetons et une foule d'autres insectes aussi nuisibles, dont elle fait une prodigieuse consommation ; sous ce rapport elle rend donc d'immenses services. Elle ne mange ni herbes ni racines ; les dégats qu'elle peut causer par les taupinières sont insignifiants et peuvent souvent se réparer surtout pour les prairies. On peut tout au plus lui reprocher de faire du tort au lin et au chanvre, dont elle soulève les racines en creusant ses galeries, mais à cela près, la taupe peut être considérée comme un animal utile.

Le cultivateur doit s'attacher surtout à préserver ses champs et ses récoltes des innombrables insectes qui les dévorent et parmi lesquels nous citerons le charançon, l'alucite, la teigne des blés, la tipule, qui s'attaquent aux céréales ; le hanneton, l'altisse, les pucerons et les chenilles qui dévorent les racines ou les tiges des végétaux ; la pyrale, l'eumolpe, le rynchite, le cochylès, ennemis de la vigne.

On peut ajouter encore la courtillière, la fourmi, la guêpe, la bruche, le forticule ou perce-oreille dont les ravages se font surtout sentir dans les vergers et les jardins.

Parmi les oiseaux on ne doit détruire que ceux qui se nourrissent de grains, tels sont les moineaux, la grive, le bouvreuil, les pigeons ramiers et les tourterelles ; les autres doivent être respectés et ménagés. On voit souvent des nuées de petits oiseaux s'abattre sur les champs de céréales, non pour y manger du grain, mais pour y dévorer des insectes ; les cultivateurs envoient des coups de fusils à ces oiseaux, les prenant pour des déprédateurs ; ils se trompent, car, au contraire, ils rendent un important service en détruisant un ennemi dangereux par la rapidité de sa production.

La fauvette, la mésange, l'hirondelle, le rossignol, le merle, le roitelet, les pics-verts, le geai, ne se nourrissent que d'insectes, et pour cette raison on ne doit jamais détruire les nids de ces oiseaux.

SEMAILLES.

Lorsque le sol a été labouré, et convenablement préparé, il faut l'ensemencer, c'est-à-dire y répandre la graine et l'enterrer.

Les semailles se font, soit au printemps soit à l'automne ; on ne peut déterminer un temps fixe pour ces travaux importants. Le cultivateur devra étudier la nature de son terrain et se conformer à la marche des saisons, variable d'une année à l'autre.

Il faudra d'abord bien choisir la semence ; la prendre nouvelle et parfaitement mûre.

Le blé sera criblé, c'est-à-dire débarrassé des petites graines auxquelles il se trouve mélangé ; autant que possible, on le changera de terrain afin de ne pas semer dans la même terre le grain qu'elle a produit. En substituant aux variétés ordinaires des variétés meilleures, la récolte est augmentée de vingt pour cent.

Le chaulage est une opération indispensable, ayant pour but de détruire la carie et le charbon dont les germes adhèrent à la surface des grains employés comme semence.

On délaye dix kilogrammes de chaux éteinte avec un kilogramme de sulfate de soude, dans une quantité d'eau suffisante pour former un lait peu épais dans lequel on plonge à plusieurs reprises le blé renfermé dans un panier ; on le laisse ensuite égoutter puis on le répand à terre et on le remue plusieurs fois avec la pelle : dès qu'il est ressuyé on sème sans retard.

On peut encore employer de la même manière une solution composée d'un kilogramme de sulfate de cuivre (vitriol) dans cinq litres d'eau ; mais cette substance étant un poison violent peut occasionner des accidents et devenir funeste au semeur. C'est pourquoi on doit préférer le chaulage au sulfatage.

On sème à la main, à la volée ou en lignes, ou à l'aide du semoir en lignes.

Pour semer à la volée, le semeur doit choisir un temps calme, le soir ou le matin ; son pas doit être mesuré, ses poignées bien égales et répandues à des intervalles uniformes.

Quand on emploie le semoir, l'instrument fait seul la besogne ; l'ouvrier doit veiller seulement à ce que la boîte contenant la semence ne soit jamais vide.

150 litres de blé semés en lignes, produisent autant que 100 litres semés à la volée ; on économise donc ainsi 25 °/° sur la semence.

On ne doit semer ni trop dru ni trop clair. La quantité de semence varie suivant les circonstances, et on ne peut établir de règles précises. Il faut généralement deux hectolitres de grain pour un hectare à la volée ; au semoir, il n'en faut pas plus d'un hectolitre. Sur la même surface, on répand environ 4 hectolitres d'avoine, féverolles ou haricots ; 4 hectolitres de chanvre ; 1 hectolitre et demi de sarrazin, 200 kilog. de lin ; 3 kilog. de carottes ; autant pour les betteraves en lignes, mais 6 kilog. à la volée ; 3 de colza à la volée, 1 kilog. 50 en lignes.

On enterre les semences à une profondeur plus ou moins grande soit avec la herse, soit avec la charrue, soit avec l'extirpateur ; le blé, l'avoine, le maïs doivent être recouverts d'une couche de 5 centimètres au moins ; on leur donne deux hersages. Certaines semences n'ont pas besoin d'être enfouies ; répandues à la surface du sol, elles germent au bout de quelques jours ; telles sont les graines de sainfoin, de trèfle, etc,

TRANSPLANTATIONS.

Certaines plantes telles que le colza, le chou, le tabac, la betterave, se sèment en pépinière et se transplantent soit au plantoir, soit à la charrue.

On ne doit point semer trop serré afin que le plant puisse se développer.

La *betterave* se sème soit en place, soit en pépinière. Pour semer en place, on trace en avril ou en mai, sur un sol préparé, des sillons peu profonds éloignés les uns des autres de quarante centimètres environ, dans lesquels on place des graines à une distance de trente ou quarante centimètres.

Si on a semé en lignes, avec ou sans le semoir, on donne le premier binage quand les betteraves ont deux feuilles ; un mois après environ, se fait le pacage c'est-à-dire que l'on coupe toutes les betteraves inutiles, n'en laissant que trois sur la longueur de un mètre, et plus tard, quand la betterave est formée, on rend un nouveau binage.

La plante semée en pépinière se repique à la même distance dans le courant du mois de mai.

Le *tabac*, dont la culture n'est permise en France que dans les départements du Nord, du Haut-Rhin, du Bas-du Rhin, du Lot et Lot-et-Garonne demande beaucoup de soins ; sa graine est excessivement fine ; il en tient environ 1100 dans un centimètre cube. On la sème sur une couche vers la fin de février, ou à l'air libre vers le milieu d'avril pour transplanter au plus tôt vers le 15 mai, et au plus tard vers le 15 juin ; on choisit un temps pluvieux.

MOISSON.

La moisson est la récolte des céréales ; l'époque où elle a lieu varie suivant l'état de la température. Dans le Midi, on la fait en juin ou en juillet ; dans le Nord, en août ou en septembre.

Le cultivateur doit apporter tous ses soins à cette importante opération et s'y préparer à l'avance afin que rien ne vienne ni l'interrompre, ni la retarder.

La moisson se fait à la faucille, à la faux, à la sape ou à la mécanique.

Le moissonnage à la faucille, seul employé par nos ancêtres, est encore en vigueur dans une grande partie de la France. Ce genre de moisson nécessite un grand nombre d'ouvriers ; il est fort incommode et fatiguant et on y perd de la paille.

La moisson à la faux est beaucoup plus expéditive ; mais si les blés sont versés, la faux ne peut que difficilement les couper ; de plus lorsqu'ils sont trop mûrs ils s'égrennent beaucoup.

Le moissonnage à la sape du piqueteur belge doit être préféré comme plus prompt et plus facile. Pour faucher ainsi, l'ouvrier tient de la main gauche un long crochet de fer muni d'un manche plat en bois, retenu par une courroie autour du poignet. Le piquet lui sert à isoler le blé qu'il abat par la base avec une petite faux à manche court qu'il tient à la main droite. Les javelles sont ainsi toutes préparées, et il n'y a pas besoin de cueilleuse.

La moissonneuse abrège beaucoup la besogne. Elle abat environ 6 hectares par journée de dix heures et permet de faire la moisson en temps utile, avantage précieux surtout dans les pays où les bras manquent. Son emploi est d'autant plus préférable, que, outre la promptitude, il apporte une véritable économie.

Le blé mis en gerbes au bout d'une journée reste à terre, puis on en forme des moyettes afin de le préserver de la pluie et de l'humidité. Si le temps est sec, on le met en tas pour être rentré dans la grange aussitôt, où on le bat ensuite.

L'avoine peut rester quinze jours sur la terre sans inconvénient; l'humidité fait gonfler les graines qui ne s'épient pas ausssi facilement pendant le chargement.

BATTAGE.

On bat les céréales soit à l'aide du fléau, soit au moyen d'un gros rouleau, soit en faisant piétiner les gerbes par les chevaux.

Le blé, ainsi battu doit être vanné, c'est-à-dire séparé des menues pailles et de la poussière, à l'aide d'un instrument appelé *van*, puis criblé, c'est-à-dire débarrassé des graines étrangères, à l'aide d'une espèce de tamis de un mètre de diamètre appelé crible.

Dans le Nord de la France, on commence à faire usage de la *Batteuse*. Cette machine est mue par la vapeur ou par les chevaux et se compose d'une espèce de lanterne enveloppée de barres de fer ou de bois dur, laquelle en tournant horizontalement broie les épis contre la machine et laisse tomber sur le crible le grain qui descend ainsi tout nettoyé dans les sacs préparés pour le recevoir.

D'après un grand nombre d'expériences comparatives faites avec soin, le battage au fléau le mieux soigné laisse le vingtième du blé. La machine à battre gagne cette quantité. Sur cent hectolitres c'est donc cinq hectolitres qui, à raison de vingt francs, donnent cent francs de bénéfices.

9.

FENAISON.

La récolte des foins n'est guère moins importante que celle des céréales; le cultivateur devra donc y apporter une attention particulière. L'herbe sera fauchée à une époque convenable; ni trop mûre ni trop verte, par un ouvrier habile ayant un bon coup de faux.

Le faneur étend l'herbe coupée à l'aide d'un râteau pour la faire sécher au soleil; il la met en *andains* vers le soir. Quand le foin est suffisamment sec, on le met en meules ou on le rentre dans la grange.

Il est bon de savoir que le foin dans les quinze jours qui suivent la fenaison, subit par la fermentation, même rentré très-sec, une diminution d'environ cinq pour cent; il en perd encore autant pendant son séjour d as les greniers.

On commence à se servir de la machine à moissonner, un peu modifiée, pour couper les foins, les essais jusqu'ici ont donné les meilleurs résultats; on se sert aussi du râteau à cheval, mais cet instrument aurait besoin de perfectionnement.

INDICATION DE LA QUANTITÉ DE TRAVAIL POUVANT ÊTRE FAITE EN UN JOUR DE DIX HEURES.

Dans une journée de dix heures, un homme peut charger environ 10 mètres cubes de fumier; il en déchargerait au champ 30 ou 40 mètres cubes. Un attelage de chevaux peut en transporter 15 mètres cubes, à une distance de cinq ou six cents mètres

Le mètre cube de fumier ordinaire peut peser 730 kilogrammes.

3 forts chevaux ou 4 moyens labourent 30 ou 40 ares dans un sol compacte, et 48 à 50 dans un sol moyen. Pour un défrichement, huit chevaux ne peuvent guère labourer que 25 ares de landes,

4 chevaux attelés à la herse à losange de Valcourt, hersent environ un hectare et demi dans un sol de consistance moyenne; avec les herses accouplées ou brisées, 2 chevaux suffisent pour deux et même pour trois hectares.

Deux chevaux attelés à un rouleau en bois peuvent rouler trois hectares par jour.

Une houe attelée d'un cheval sarcle ou bine un hectare et demi, si les lignes sont espacées de 0 mètre 75 centimètres, comme pour les pommes de terre, et un hectare, si elles le sont de 0 mètre 25 centimètres seulement comme pour les betteraves.

On peut ensemencer deux hectares et demi environ en froment, seigle. orge, sarrazin, avoine, pois, fèves ; et trois hectares de navette, colza, millet, trèfle.

Un homme peut repiquer 6 à 7 ares de choux, betteraves, etc.

Après la charrue une femme peut planter 25 ares en pommes de terre, et un enfant 12 à 15.

Un homme peut fauciller 18 ares par jour ; à l'aide de la faux le travail marche plus vite, mais l'ouvrier ne peut travailler plus de six ou sept heures sans se fatiguer.

Un bon piqueteur coupe 40 ares de froment.

Une machine moissonne 60 ares par heure, soit environ 6 hectares par jour.

Une femme peut mettre en javelles environ un hectare et demi.

Un homme lie et dispose en meulons les gerbes de 50 ares ; il peut charger 700 gerbes de 10 kilogrammes, décharger et engranger 350 à 400 de ces mêmes gerbes.

Au fléau un homme peut battre 80 gerbes de blé, 100 gerbes d'avoine.

A la machine on peut aisément battre 12 douzaines de gerbes à l'heure.

Un homme ou une femme arrache en moyenne le produit de 4 ares de pommes de terre, carottes ou betteraves.

On peut faucher 50 ou 60 ares par jour ; mettre en andains le foin de 40 ares ; en meulons, celui de 50 ares.

CHAPITRE X.

PROGRAMME : Bestiaux et animaux domestiques : Cheval, âne, mulet. — Bœuf et vache — Alimentation. — Engraissement. — Maladies et remèdes. — Equivalents des fourrages. — Le mouton. — La chèvre. — Le porc. — Le lapin. — La basse-cour.

Tous les animaux d'une ferme, excepté les chiens et la volaille forment ce que l'on appelle le bétail.

Le bétail est le nerf de la culture, c'est une machine à fumier, c'est aussi une machine à argent. Nous entendons parler d'un bétail bien soigné, bien entretenu, et non de cette race abâtardie par la mauvaise nourriture, que l'on rencontre partout sur les foires et les marchés et dont on retire un bien maigre profit. L'amélioration des animaux est due à l'abondance de la nourriture ; avant donc de dépenser son argent en achats de bestiaux, le cultivateur doit avoir pourvu à leur nourriture, sans quoi il s'exposerait à des mécomptes et bâtirait sur le sable.

On divise le bétail en deux groupes : les animaux de travail et les animaux de rente.

Parmi la première catégorie se trouvent le cheval, le bœuf, l'âne et le mulet.

Les animaux de rente, c'est-à-dire qui procurent des bénéfices sans travailler, sont : les taureaux, les bœufs, la vache, le mouton, le porc et la chèvre.

Nous allons examiner chaque espèce séparément.

De l'espèce chevaline.

LE CHEVAL.

Le cheval a été l'un des animaux les plus utiles à notre civilisation : on l'emploie pour la selle, pour l'attelage, pour les transports. De là quatre types que nous allons essayer de décrire :

Fig. 9 — Le Cheval.

Cheval de selle. — Sa taille en moyenne est de 1. m. 50. Il doit réunir aux formes sveltes, aux muscles fermes, la souplesse et l'élégance des mouvements, une belle encolure s'unissant au tronc sans ligne de démarcations tranchée et se continuant avec le garrot, les épaules et le poitrail, par des courbes élégantes, ou peu accusées

Cheval d'attelage. — Il aura une taille plus élevée, des membres plus volumineux, une poitrine plus large, une croupe plus charnue ; ses mouvements doivent être gracieux, son poser de pied franc ; il doit exister une harmonie complète entre le train de devant et celui de derrière.

Cheval de trait. — La race percheronne est celle qui convient le mieux pour cet usage ; sa taille est de 1 m. 55 à 1. m. 60, son corps est trapu, sa constitution osseuse et musculaire, son encolure, plutôt courte que longue, un peu arrondie ; l'épaule solide et bien conformée pour recevoir le collier. Une certaine distinction malgré une forte corpulence, telle est le véritable type de l'espèce employée aux transports de marchandises, et à la remonte de l'artillerie.

Cheval de gros trait. — Destiné à tirer à l'allure du pas, il doit réunir les caractères du précédent avec un développement plus considérable ; sa taille varie de 1. m. 60 à 1 70 ; ses reins doivent être larges et courts, son poitrail volumineux, ses jarrets-très solides, son encolure forte, ornée d'une crinière touffue, sa tête petite, intelligente et douce.

La France n'a rien à envier aux autres contrées sous le rapport de la race chevaline. Il nous serait impossible de donner la description de toutes les variétés que fournit notre pays. Les chevaux de selle et d'attelage nous viennent de la Normandie, de la Bretagne, de l'Anjou, de la Champagne, du Limousin, de l'Auvergne. Parmi les chevaux de trait, on remarque ceux de race Flamande, provenant des Flandres ; la race Boulonnaise du Pas-de-Calais ; la race augeronne de la Manche, du Calvados et de l'Eure ; la percheronne, de l'Orne et de la Sarthe ; la race poitevine ou mulassière, originaire des marais du littoral Vendéen.

Le corps du cheval se divise en *avant-main* ou train antérieur, comprenant la tête, l'encolure, le garrot, les épaules et les membres antérieurs ; *en corps*, comprenant le dos, les lombes, les côtes, le ventre ; en *arriere-main* ou train postérieur, comprenant la croupe, les tranches, la queue, les fesses et les membres postérieurs.

La tête du cheval doit être courte, mince ; l'extrémité inférieure large au sommet. Tenue immobile, dans les animaux au repos, elle indique une bête molle ; agitée sans raison, une bête vive, impatiente, dangereuse. Les oreilles, petites ou moyennes, contribuent à la beauté du cheval ; mobiles, agitées tantôt d'un côté tantôt de l'autre, elles indiquent que le cheval est peureux ou qu'il a mauvaise vue ; dirigées sans précipitation, du côté d'ou vient le bruit, elles annoncent l'intelligence. L'œil brillant, mobile, bien ouvert, indique l'énergie ; l'œil sec, ou trop humide, les paupières peu ouvertes et tuméfiées, un état maladif ; l'œil tranquille, aux mouvements lents, un cheval doux ; l'œil enfoncé dans l'orbite dénote un cheval vicieux.

La structure des dents offre beaucoup d'intérêt. On distingue trois sortes de dents chez le cheval : les molaires, les dents angulaires et les incisives.

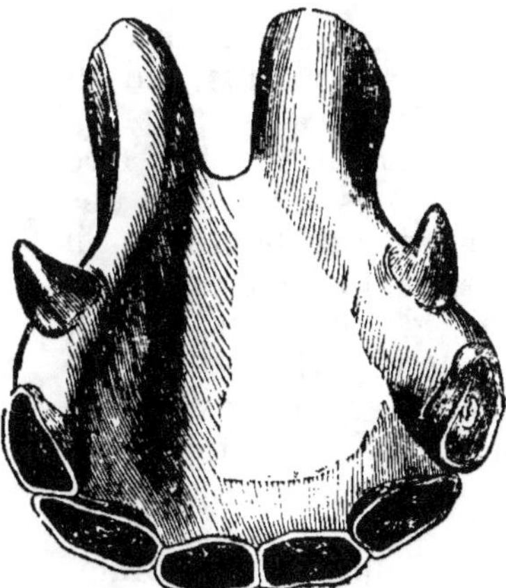

Fig. 10. — Mâchoire inférieure d'un cheval de 6 à 7 ans.

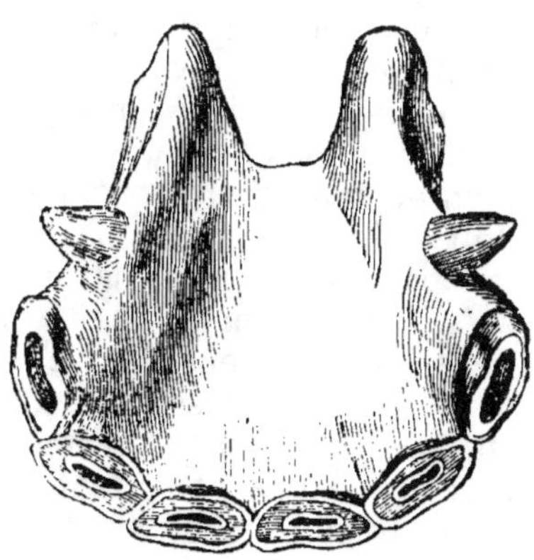

Fig. 11. — Mâchoire inférieure d'un cheval de 10 ans.

D'après l'époque de leur durée, on les appelle dents de lait, dents caduques, dents d'adultes ou persistantes.

Elles sont au nombre de 40, placées à droite et à gauche de la bouche ; 12 incisives, 4 angulaires, 24 molaires.

Les incisives servent à reconnaître l'âge des chevaux ; car elles changent de forme, par le frottement et deviennent successivement ovales, arrondies, triangulaires, et biangulaires. On distingue encore les incisives en *pinces*, en *mitoyennes* et en coins.

A deux ans et demi les *pinces* tombent et sont remplacées ; à trois ans et demi, quatre ans, les *mitoyennes* sont également remplacées, à quatre ans et demi, les *coins* le sont à leur tour. Les *crochets* poussent vers quatre ans ; à cinq ans le cheval a toutes ses dents.

Un bon cheval doit avoir le bord supérieur de l'encolure mince et le bord inférieur épais. Pour les bêtes de travail, le corps sera court et épais ; long et svelte pour le cheval de course ; d'une longueur moyenne pour le cheval d'attelage. Les chevaux de trait doivent avoir les épaules droites, la croupe courte et oblique, le flanc petit.

Quand la poitrine est large et spacieuse, les chevaux peuvent faire de longs efforts sans s'essouffler. Une poitrine longue augmente la force des chevaux et favorise l'étendue des mouvements.

On devra rejeter les chevaux au poitrail étroit, au ventre gras et tombant, aux flancs longs et tendus, qui au moment de l'expiration s'abaissent en deux temps.

Le garrot, situé entre le dos et l'encolure, doit être épais à la base et supporté par des côtes longues et des membres assez hauts et plus élevés que la croupe ; il doit être élevé, bien sorti, s'épaississant rapidement vers les épaules. Les reins seront souples, droits, épais, courts, et s'élèveront presque au niveau de la partie antérieure de la croupe avec une légère inclinaison en avant. La croupe sera épaisse, large, longue et légèrement convexe sur ses deux faces, exempte de balancement pendant l'allure au pas et au trot.

La queue, prolongement de la colonne vertébrale, sera grosse à la base et fine à l'extrémité ; une queue forte fait pressentir la puissance des muscles et des membres. L'épaule doit être longue et oblique ; les membres antérieurs, bien proportionnés, les genoux forts, sans déviation.

Les membres postérieurs jouant le principal rôle dans la locomotion, les fesses et les cuisses seront fortes, épaisses et fermes ; la jambe sera longue, le jarret sain, large, bien développé, sec, évidé, épais, le pied petit, léger ; la corne luisante, lisse, unie ; la fourchette, partie molle du centre du pied, saine et exempte de suintement.

NOURRITURE.

Un cheval de selle doit être nourri au foin, à la paille, à l'avoine et doit manger 5 kilog. foin, 5 kilog. paille et 3 kilog. avoine.

La nourriture qu'il importe le plus d'augmenter c'est l'avoine, sur laquelle on doit s'appuyer quand on veut beaucoup de travail de l'animal. Un cheval n'a jamais trop d'avoine quand il supporte de grandes fatigues.

Le foin donné en trop grande quantité nuit essentiellement au cheval ; il n'y a jamais d'inconvénient à la diminuer. Les chevaux de trait peuvent manger 6 à 7 kilog. d'avoine et 3 kilog. de foin avec de la paille à volonté.

Dès que le poulain peut manger, il faut lui donner des aliments substantiels : du pain, de l'avoine concassée, des fèves cuites.

L'avoine surtout fait les bons et forts poulains. Nourrissez bien vos élèves ; donnez-leur de l'air pur, un exercice modéré et vous obtiendrez des chevaux forts et robustes, exempts des maladies qui retardent leur accroissement ; vos soins seront largement payés.

Un poulain peut-être sevré à 5 mois. Afin de le préparer au ferrement, on devra lui frapper de temps en temps les sabots avec un corps dur et lui en couper, tous les mois, les parties qui sont inégalement usées ; la ferrure à froid suffit pour les pieds des poulains. La ferrure à chaud convient mieux aux chevaux.

La pratique a dit depuis longtemps qu'en raccourcissant la queue des jeunes poulains, on favorisait le développement de leurs reins et de leur croupe ; la théorie explique ce fait en disant que le sang la partie cedr-

tranchée augmente alors celui qui seul suffisait d'abord
à la nutrition des parties postérieures, et les fortifie en
raison de l'augmentation du sang artériel qu'elles reçoivent.

Sont réputés vices redhibitoires dans les ventes ou
échanges des chevaux, des ânes et des mulets : l'épi-
lepsie, la morve, la fluxion périodique des yeux, les
vieilles courbatures, les maladies anciennes de poitrine,
l'immobilité, la pousse, le cornage chronique, le tic
sans usure des dents, les hernies inguinales intermit-
tentes, la boiterie intermittente pour cause de vieux mal.

L'ANE.

« L'âne, a dit un célèbre naturaliste, n'est point un cheval dégénéré, un cheval à queue nue ; il n'est ni étranger, ni intrus, ni bâtard ; il a comme tous les autres
animaux, sa famille, son espèce et son rang ; son sang
est pur, et quoique sa noblesse soit moins illustre, elle
est tout aussi bonne, tout aussi ancienne que celle du
cheval. Pourquoi donc tant de mépris pour cet animal si
bon, si patient, si sobre, si utile ? »

« Les hommes mépriseraient-ils jusque dans les animaux, ceux qui les servent bien et à trop peu de frais?
On donne au cheval de l'éducation, on le soigne, on
l'instruit, on l'exerce ; tandis que l'âne abandonné à la
grossièreté du dernier des valets ou à la malice des enfants, bien loin d'acquérir, ne peut que perdre par son
éducation ; et s'il n'avait pas un grand fond de bonnes
qualités, il les perdrait, en effet, par la manière dont on
le traite. Il est le jouet, le plastron, le bardeau des rus-
tres qui le conduisent le bâton à la main, qui le frappent,
qui le surchargent, l'excèdent sans précaution, sans
ménagement. On ne fait pas attention que l'âne serait
par lui-même et pour nous, le premier, le plus beau, le
mieux fait, le plus distingué des animaux, si dans le
monde il n'y avait point de cheval ; il est le second au
lieu d'être le premier et par cela seul il semble n'être
plus rien : c'est la comparaison qui le dégrade. »

« On le regarde, on le juge, non pas en lui-même, mais
relativement au cheval; on oublie qu'il est âne, qu'il a

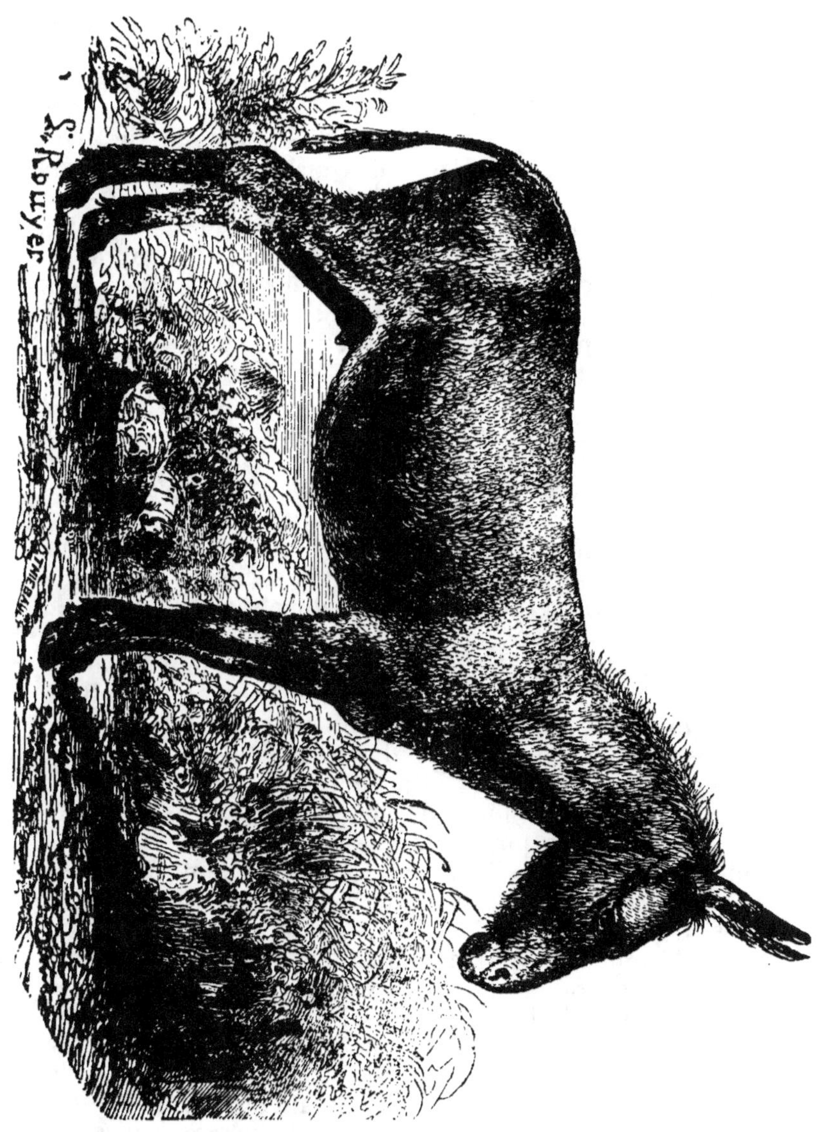

Fig. 12. — L'Âne.

toutes les qualités de sa nature, tous les dons attachés à son espèce, et on ne pense qu'à la figure et aux qualités du cheval, qui lui manquent et qu'il ne doit point avoir. »

« Il est de son naturel aussi timide, aussi patient, aussi tranquille, que le cheval est fier, ardent, impétueux ; il souffre avec constance, et peut-être avec courage, les châtiments et les coups ; il est sobre, et sur la quantité et sur la qualité de la nourriture ; il se contente des herbes les plus dures et les plus désagréables que le cheval et les autres animaux lui laissent et dédaignent. Il est fort délicat sur l'eau, il ne veut boire que de la plus claire et aux ruisseaux qui lui sont connus ; il boit aussi sobrement qu'il mange, et, n'enfonce point son nez dans l'eau, par la peur que lui fait, dit-on, l'ombre de ses oreilles ; comme on ne prend pas la peine de l'étriller, il se roule souvent sur le gazon, sur les chardons, sur la fougère, et sans se soucier beaucoup de ce qu'on lui fait porter. Il se couche pour se rouler toutes les fois qu'il le peut, et semble par là reprocher à son maître le peu de soin qu'on prend de lui ; car il ne se vautre pas comme le cheval dans la fange et dans l'eau, il craint même de se mouiller les pieds, et se détourne pour éviter la boue ; aussi a-t-il la jambe plus sèche et plus nette que le cheval. Il est susceptible d'éducation et l'on en a vu d'assez bien dressés pour faire curiosité de spectacle. »

« Dans la première jeunesse, il est gai et même assez joli, il a de la légèreté et de la gentillesse ; mais il la perd bientôt, soit par l'âge, soit par les mauvais traitements et il devient lent, indocile et têtu ; il a pour sa progéniture le plus fort attachement. Pline assure que lorsqu'on sépare la mère de son petit, elle passe à travers les flammes pour aller le rejoindre ; il s'attache à son maître, quoiqu'il en soit ordinairement maltraité ; il le sent de loin et le distingue de tous les autres hommes, il reconnaît aussi les lieux qu'il a coutume d'habiter, les chemins qu'il a fréquentés, il a les yeux bons, l'odorat admirable, l'oreille excellente. Ce qui a contribué encore à le faire mettre au rang des animaux timides qui ont tous, à ce que l'on prétend, l'ouïe très-fine et les oreilles longues : lorsqu'on le surcharge, il le marque en inclinant la tête et baissant les oreilles ; lorsqu'on le tourmente trop, il ouvre la bouche et retire les lèvres d'une manière très-désagréable, ce qui lui donne l'air moqueur et dérisoire ; si on lui couvre les yeux il reste immobile, et lorsqu'il est couché sur le côté, si on lui place la tête de manière que l'œil soit appuyé sur la terre et qu'on couvre l'autre œil avec une pierre ou un morceau de bois, il restera dans cette situation sans faire aucun mouvement et sans se secouer pour se relever. Il marche, il trotte et il galoppe comme le cheval ; mais tous ses mouvements sont petits et beaucoup plus lents ; quoiqu'il puisse d'abord courir avec assez de vitesse, il ne peut fournir qu'une petite carrière pendant un petit espace de temps et quelque allure qu'il prenne si on le presse, il est bientôt rendu. »

L'âne présente un grand nombre de variétés quant à la couleur et à la longueur du poil ; tantôt ras, tantôt soyeux ou laineux, il passe par les nuances du noir, du brun ; du roux au gris noir, gris blanc et rouge vineux. La durée moyenne de sa vie est de 15 à 18 ans.

Les baudets du Poitou sont remarquables par leurs membres bien conformés, leur tête et leur encolure fortes, sans crinière ; ce sont les plus estimés. Ceux de la Gascogne sont plus minces dans leurs proportions ; ce sont eux qui donnent les nombreux mulets des provinces méridionales.

LE MULET.

Le *mulet* est le produit de l'accouplement de l'âne avec la jument ; l'accouplement du cheval avec l'ânesse produit le *Bardot*.

Le mulet tient donc à la fois de l'âne et du cheval ; c'est l'animal de bât par excellence. Il est sobre, fort et rustique, supporte les plus fortes chaleurs et résiste aux plus dures fatigues sous les climats brûlants. Sa robe est généralement d'un noir mal teint. Le bardot est d'une taille plus petite. La voix du mulet est rauque, sourde prolongée ; c'est à tort que l'on a taxé cet animal d'infécondité, des faits nombreux attestent le contraire.

Dès que les petits mulets sont en état de manger, c'est-à-dire quelques jours après leur naissance, on leur donne du pain, de l'avoine cuite, du fourrage fin et tendre, à huit mois on les sèvre.

Le Poitou, la Gascogne, tout le midi, font un grand commerce de mules et de mulets dont la vente produit annuellement plus de soixante millions de francs.

De l'espèce bovine.

Le bœuf et la vache appartiennent à l'ordre des ruminants, c'est-à-dire jouissant de la faculté de ramener

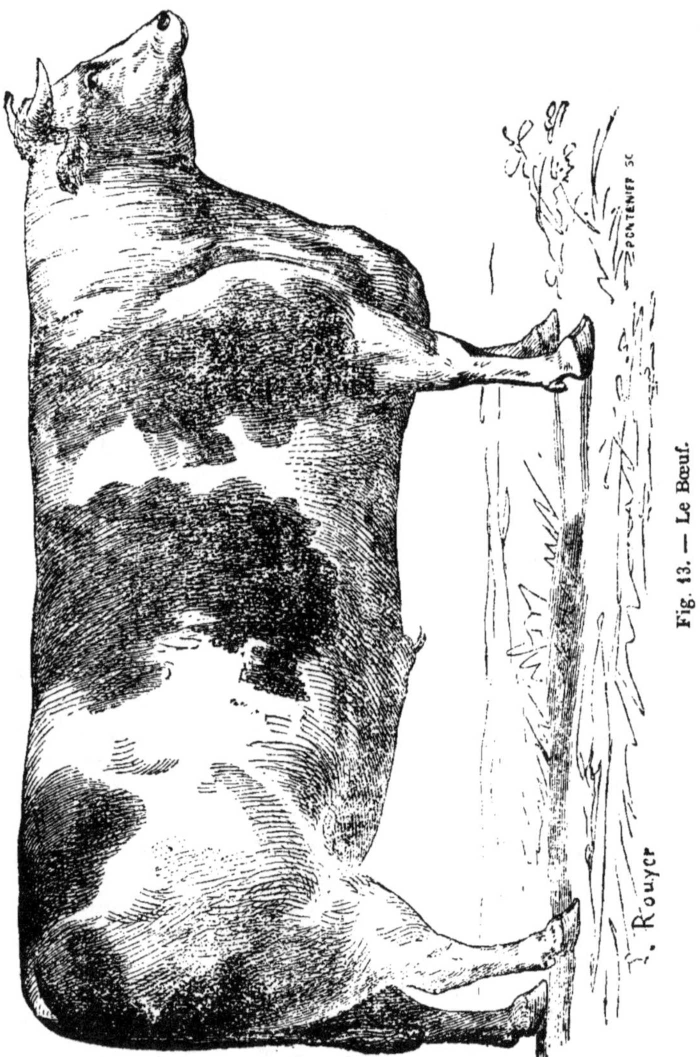

Fig. 13. — Le Bœuf.

les aliments dans la bouche quand ils ont été avalés une première fois afin de les mâcher de nouveau d'une façon plus complète.

Bien que les fonctions immédiates de l'espèce bovine soient celles du travail, la belle conformation de l'animal destiné à la boucherie est l'idéal que doit poursuivre l'éleveur.

Le bœuf exclusivement élevé pour la boucherie, doit avoir les membres courts, par conséquent la poitrine près de terre et la taille peu élevée ; le cou mince et peu musclé, la tête fine, courte et pourvue de cornes peu développées, la peau mince, souple, le poil fin et luisant, l'œil calme et placide dénotant une aptitude à acquérir une maturité précoce.

Pour le bœuf de travail, il faut choisir la force des membres ; l'expérience seule peut aider à faire ce choix.

En France, la race bovine est ce que l'a faite la nature : forte dans les gras pâturages, moyenne dans les régions intermédiaires, petite sur les sols pauvres.

Les fermiers prennent les reproducteurs parmi les veaux qu'ils élèvent, de là un affaiblissement toujours croissant de la race. Si l'Etat établissait des vacheries nationales sur le même pied que les *haras*, nul doute qu'il en résulterait une amélioration de l'espèce. De plus la viande serait meilleure et la population en serait plus abondamment pourvue.

On reconnaît diverses races de bœufs dont les principales sont :

La race *flamande*, pure dans le département du Nord, mélangée dans l'Artois la Picardie et la Thiérache.

La race *Normande*, qui fournit un beurre estimé. On la trouve en Normandie, dans l'Orléanais, l'Ile de France et la Brie.

La race *Bretonne* plus petite que les précédentes donnant peu de viande mais beaucoup de lait, On la trouve en Bretagne.

La race *Comtoise*, de la région des Alpes et de la Franche-Comté.

La race *Mancelle* ou *Durham Manceau*, très-propre à l'engraissement, mauvaise laitière, élevée dans le Maine et l'Anjou.

Enfin la race *charollaise*, la meilleure de toutes, propre au trait et à la boucherie, apte à l'engraissement et très-répandue sur le centre de la France.

Citons encore la race *parthenaise*, originaire du Poitou, la race *béarnaise*, dans les Landes et le bassin de l'A-

— Fig. 14. La Vache.

dour. La race *gasconne* ; la race *lim. usine*, l'*agenoise*, celles d'*Aubrac* et de *Salers*.

Toutes les races naissent et s'élèvent dans la région du Nord et les pâturages des montagnes. Le bétail est rare dans la Provence. La Bretagne, la Normandie, L'Anjou, la Vendée sont les contrées qui possèdent les bœufs les plus gros, et les plus nombreux troupeaux.

NOURRITURE DE L'ESPÈCE BOVINE.

Pour former un animal de travail : il faut : allaitement naturel, castration tardive, pâturage plutôt nutritif qu'abondant, fourrage sec et de bonne qualité.

Pour former un animal de laiterie : allaitement naturel, alimentation aqueuse et abondante, stabulation mixte, fourrages verts et racines, pâturages.

Pour former un animal de boucherie: allaitement artificiel, castration hâtive, sevrage tardif, alimentation nutritive, abondante et variée, sèche plutôt qu'aqueuse, farines, fourrages verts nourrissants ; pansage fréquent et complet, stabulation permanente avec aération.

Une loi importante et dont il faut tenir compte dans l'alimentation des animaux est celle-ci:

La vitesse de l'accroissement est en raison inverse de l'âge. Non seulement la plante annuelle croît plus vite que le chêne séculaire, mais l'herbe même, dans un pré, repousse après la fauchaison avec une vigueur qui se ralentit progressivement jusqu'à la floraison et la maturité. Le veau se développe plus sensiblement en poids et en volume que le bœuf, et c'est dans les quelques mois les plus rapprochés de sa naissance que cet accroissement est le plus sensible. Donc, plus profondément on voudra réformer la conformation d'un animal, plus promptement il faudra s'y prendre.

Jusqu'à l'âge adulte, l'influence de la nourriture se fait sentir sur la hauteur du garrot et beaucoup moins sur la hauteur des hanches. Pour les races précoces, elle n'a plus d'influence, passé trois ans, sur la largeur du bassin; pour les races tardives, on peut agir sur la même partie jusqu'à trois ans et demi, quatre ans.

Un excès de bonne nourriture sur les races tardives,

prises à quatre ans produira de l'accroissement en hauteur; sur les races hâtives, prises à trois ans, il profitera en longueur surtout et au développement des muscles.

La castration produit une sensible modification dans tout l'organisme ; la tête s'allonge, les cornes s'effilent, l'encolure s'amincit, les os sont arrêtés dans leur accroissement en grosseur, excepté ceux des bassins, le cuir s'assouplit et se détache.

Dans les six premiers mois de la première année se fait surtout l'allongement du corps.

Dans les six derniers mois de la première année se fait le développement thoracique.

C'est dans la seconde année que l'accroissement au garrot en hauteur est le plus sensible; il est moitié moindre dans la 3e année.

C'est pendant la seconde année que se fait dans la proportion la plus élevée l'accroissement en largeur du bassin.

La castration n'influe en rien sur le développement en longueur du bassin, lequel prend son plus grand développement pendant la première année.

Donc il faudra :

1re *année*. — Alimentation sèche; lait, farine, foin, sevrage tardif. Castration hâtivre. Etable.

2e *année*. — Alimentation aqueuse : pâturages, racines, fourrages verts, stabulation mixte.

3e *année*. — Alimentation mêlée, fourrages verts et secs, farines. Stabulation.

Choisir toujours les aliments les plus nutritifs que possible dans leur genre, de manière à restreindre le développement de l'ossature en grosseur, et à faire diminuer les extrémités, cou, tête, membres, au profit de l'organisme et des muscles recherchés pour la boucherie.

Il ne faut jamais, brusquement, passer du régime sec au régime vert ou réciproquement. Un changement subit de nourriture peut-être suivi de fâcheuses conséquences. On donne peu à peu le vert seul, en augmentant la ration pendant à peu près quinze jours. En mélangeant le vert avec le sec, il peut arriver que le fourrage trop dur, se digère mal, ce qui occasionnerait des coliques.

MALADIES ET REMÈDES.

Enfle. — Cet accident est produit par un développement de gaz dans l'estomac du ruminant. Pour le prévenir, il faut avoir soin de mélanger aux semailles du trèfle, un tiers de ray-grass. On veillera ensuite à ne pas le donner trop humide de rosée ou échauffé et en fermentation.

Si pourtant pareil accident arrivait, voici quels remèdes on peut employer :

1° Faire avaler à l'animal une cuillerée d'ammoniac liquide dans une bouteille d'eau en plongeant avec précaution le goulot dans la bouche de l'animal;

2° Lui faire avaler à plusieurs reprises quelques cuillerées d'éther sulfurique, très souverain aussi pour les coliques;

3° Enfin, si on était réduit à la dernière extrémité, si l'animal était très-éloigné de l'habitation et que l'on n'eût, sous la main, ni ammoniaque ni éther sulfurique, il ne faudrait pas hésiter à faire une ponction dans le flanc gauche du ruminant avec un couteau tout le long duquel on glisse un tuyau quelconque de roseau, de sureau, etc. On retire le couteau et les gaz se précipitent au dehors avec un sifflement. Il faut avoir soin de déboucher le tuyau avec une baguette.

Cette opération est peu dangereuse lorsqu'elle est faite par un homme adroit. On ne doit y avoir recours que dans les cas pressants, mais alors il ne faut pas balancer, quelques heures suffisent pour occasionner la mort. On perd souvent un temps précieux à se désoler et à faire des préparatifs et l'animal crève faute d'un peu plus d'activité.

Il ne faut pas croire que l'animal soit très-sensible à l'incision. Dans ce moment, au contraire, tout le tissu ballonné ayant perdu beaucoup de sa sensibilité, il ne fera aucun mouvement et ne tardera pas à se trouver complètement débarrassé.

Plaies. — Si la plaie est récente et peu profonde, nettoyez-la, sans frotter, avec de l'eau fraîche aiguisée d'un peu d'eau-de-vie, et garantissez-la du contact de l'air et des corps étrangers par un petit bandage.

Si la plaie est saignante et profonde, introduisez-y de la filasse imbibée d'eau-de-vie affaiblie, de façon à arrêter l'hémorragie.

Dans le cas où un fragment de verre ou une pierre etc. aurait pénétré dans la sole du pied, retirez-les, puis nettoyez la plaie, introduisez-y un peu d'eau-de-vie et recouvrez-la avec un tampon d'étoupes maintenu par des éclisses.

Dans tous les cas, il faut toujours, les premiers soins donnés, appeler le vétérinaire.

Pour les *entorses*, plongez pendant 5 ou 6 heures le pied gonflé dans un seau d'eau salée et très-froide et entourez-le d'eau salée, de vinaigre ou d'eau-de-vie.

La *fourbure* demande une forte saignée ; de plus, aspergez pendant plusieurs heures les pieds fourbus avec de l'eau salée très-froide, ou faites prendre trois ou quatre fois par jour des bains de pieds, dans une eau courante et froide. — Entourez le pied de l'animal d'un catasplasme composé de terre glaise, de suie et de bouse de vache delayées dans du vinaigre dans lequel vous avez fait dissoudre une ou deux cuillerées de couperose verte.

Coliques ou *Tranchées*. — Saignez le cheval et faites-lui avaler un litre d'infusion de tilleul additionnée de 15 à 30 grammes de vin d'opium, frictionnez le corps et les membres avec des bouchons de paille trempés dans du vinaigre chaud ; administrez des lavements et faites marcher l'animal.

Dans le cas d'*indigestion*, faites prendre au cheval une bouteille de vin ou de cidre, ou de thé bien chaud, couvrez-le, frictionnez le ventre, donnez-lui des lavements et faites-le marcher.

La *Gale* se guérit selon l'espèce d'animal, avec les préparations suivantes :

Pour le cheval, l'âne et le mulet :

2 décilitres d'huile d'olive ; 1 décil. de lin, 1 decilitre d'essence de thérébentine, deux décilitres d'essence de cantharides ; mélanger le tout et frotter vigoureusement une ou deux fois toutes les parties galeuses avec cette préparation. Ayez soin de laver préalablement la peau, débarrassée des poils, avec de l'eau de lessive ou du savon noir.

Pour le mouton :

Faites bouillir 30 grammes d'héllébore dans un litre d'eau et laissez réduire à un demi-litre. Vous frotterez avec cette décoction la partie malade en séparant les mèches de laine.

La *Morve* caractérisée par un jetage de matières jaunâtres ou blanchâtres par les naseaux, l'engorgement des ganglions situés sous la ganache et des ulcères sur les muqueuses des naseaux. Le *farcin*, signalé par des boutons sur la peau, des ulcérations cutanées, etc., sont des maladies contagieuses, non-seulement au cheval, à l'âne et au mulet, mais encore aux domestiques qui les soignent. La morve est incurable et nécessite l'abattage de la bête.

Il en est de même des maladies *charbonneuses*.

Le *typhus*, affection redoutable, se transmet avec une désolante rapidité.

Les bêtes qui en sont atteintes doivent être tuées. Leur chair n'est pas nuisible à la santé des hommes. Une seule bête atteinte du typhus, communique la maladie à tous les bestiaux d'une contrée qu'elle a traversée.

Le *piétin* du mouton se guérit facilement en plongeant le pied dans une bouillie de chaux éteinte. Cette maladie est contagieuse, il faut isoler les moutons qui en sont atteints.

La *petite vérole* des moutons est aussi contagieuse ; on la prévient par la vaccination pratiquée par un vétérinaire.

La *cocotte* ou fièvre aphteuse qui attaque le bœuf, le mouton et le porc, est aussi contagieuse. Il faut isoler les bêtes qui en sont atteintes. Dès l'apparition de la maladie, gargarisez la bouche de l'animal avec du miel et du vinaigre. Donnez des aliments faciles à mâcher et des breuvages rafraîchissants, et appliquez autour des pieds malades un cataplasme fait avec de la craie ou du blanc d'Espagne, délayés dans du vinaigre ; la boiterie disparaîtra bientôt.

10.

Tableau des équivalents des fourrages.

(Valeurs nutritives.)

Bon foin de pré naturel	100	Betteraves champêtres	339
Regain de pré naturel	102	Navets	504
Foin de trèfle en fleur	90	Carottes	276
Foin de trèfle coupé avant la fleur	88	Col. raves	287
Regain de trèfle	98	Rutabagas	308
Foin de luzerne	98	Rutab. et feuilles	350
Foin de sainfoin	89	Grains de seigle, 70 kil. par hect.	50
Foin de vesces	97	Grains de froment	45
Foin de spergule	90	Grains d'orge, 64 kil. l'hect.	54
Foin de trèfle porte-graines	146	Grains d'avoine, 47 kil. l'hect.	59
Trèfle vert	410	Semences de vesces, 78 kil. l'hect.	50
Vesces, luzerne, sainfoin en vert	457	Semences de pois, 78 kil. l'hect.	45
Tiges de maïs en vert	275	Semences de féverolle, 78 kil. l'hect.	45
Spergule en vert	425	Grains de sarrazin, 65 kil. l'hect.	64
Tiges et feuilles topinambour	325	Grains de maïs, 67 kil. l'hect.	57
Feuilles de choux à vaches	541	Haricots, 78 kil. l'hect.	32
Feuilles de betteraves	600	Chataignes, 80 kil. l'hect.	47
Feuilles de pommes de terre	300	Glands, 80 kil. l'hect.	68
Paille de froment et d'épeautre	374	Marrons d'Inde, 80 kil. l'hect.	50
Paille de seigle	442	Graine de tournesol	62
Paille d'orge	195	Tourteaux de lin	69
Paille d'avoine	235	Son de blé	105
Paille de pois	153	Son de seigle	109
Paille de vesces	159	Balles de pois, avoine et blé	167
Paille de lentilles	163	Balles de seigle et d'orge	179
Paille de féverolles	140	Feuilles de tilleul sèches	73
Paille de blé noir	195	Feuilles de chêne	83
Tiges sèches de maïs	400	Feuilles de peuplier canada	67
Paille de millet	250		
Pommes de terre crues, 75 kil. par hectol.	201		
Pommes de terre cuites	173		
Betteraves blanches de Silésie, 75 kil. l'hect.	220		

N. B. — Ainsi pour remplacer 100 kil. de foin, il faut 102 kil. de regain, 90 de trèfle en fleur, 600 de feuilles de betteraves.

Ce tableau est destiné à guider les cultivateurs dans l'alimentation de leurs bestiaux, comme aussi dans la vente et l'achat des différentes espèces de nourriture.

Par exemple : un cultivateur nourrit un certain nombre de bestiaux avec 1000 kil. de foin, prairies naturelles; il veut les nourrir ensuite pendant le même espace de temps avec 500 kil. et des pommes de terre crues : il demande quelle quantité de racine il faudra employer pour remplacer les 500 kil. de foin qu'il retranche.

Nous voyons par le tableau ci-dessus qu'il faut 201 kil. de pommes de terre crues pour remplacer 100 kilog. de foin ; comme nous avons 500 kil. de foin à remplacer, il devra donc employer 1005 kilog. de pommes de terre.

Un propriétaire veut savoir s'il est plus économique de

donner de l'avoine à son cheval au lieu de sarrazin ; le premier de ces grains valant 14 fr. l'hect. ; le second 10 fr. 50.

L'hectolitre d'avoine pèse 47 kilog. et celui de sarrazin 65 kilog. Or 59 kilog. d'avoine valent 100 kilog. de foin. 47 kilog. en vaudront 79.66.

En d'autres mots : 8 fr. employés à acheter de l'avoine, procureront une valeur nutritive égale à celle de 79 kil. 660 de foin ; 1 fr. employé à acheter de l'avoine procureront une valeur nutritive égale à celle de 9 kil. 950 de foin

64 kil. sarrazin égalent 100 kil. foin pour la valeur nutritive; 65 kil , poids de l'hect., vaudront autant que 101 kil. 550 de foin.

En d'autres mots, 9 fr. 50 employés à acheter du sarrazin, donneront autant de substances nutritives que 10 kil. 68 de foin ; en sorte qu'il y aura un avantage marqué à acheter du sarrazin au lieu d'avoine.

Une conséqence que le cultivateur pourrait tirer de ce calcul, c'est qu'il serait avantageux, dans le cas supposé, de vendre de l'avoine qu'on aurait récoltée pour acheter du sarrazin. Tout le calcul se borne ici à chercher combien 1 fr. employé à acheter telle ou telle substance procurerait de valeur nutritive égale à celle du foin.

On appelle ration d'entretien la quantité de substances nécessaires à un animal pour le soutenir sans engraisser, ni s'amaigrir, sans travailler ni donner du lait. Toute la nourriture que l'on donne en sus de cette ration d'entretien se transforme suivant l'espèce et la prédisposition de l'animal en force, en graisse, en lait, etc. Toute la science de l'engraissement consiste à faire prendre à un animal dans un temps donné la plus grande quantité de nourriture possible, en sus de sa ration d'entretien.

Chez les bêtes à cornes, 100 kil. du poids vivant des animaux ont besoin journellement de 1 kil. 1/2 à 1 kil. 3/4 de bon foin pour leur ration d'entretien. Le bœuf qui travaille doit recevoir journellement 2 kil. 1/2 pour 100 kil. du poids de l'animal sur pied. Une vache laitière a besoin de 3 kil. pour 0/0 de son poids. Le bœuf à l'engrais exige 5 kil. pour 0 0 de son poids vivant au commencement de l'engraissement, 4 kil. 1 2 pour 0 0 vers le milieu et 4 seulement vers la fin. En somme, on compte que la ration du bœuf à l'engrais, est de 4 kil. 1/2 pour 100 kilog. de son poids vivant.

M. Dombasle a expérimenté que pour les moutons mérinos adultes, la ration d'entretien est de 3 kil. 330 pour 100 du poids des animaux pesés à jeun.

Ainsi, 300 kil., poids vivant, exigeront journellement, de 4 kil., 5 k. à 5 k., 25 de foin ou l'équivalent en autre nourriture, si c'est une bête à l'engrais qu'on veuille seulement entretenir ;

De 4 k., 5 à 7 k., 5 si c'est un bœuf de travail.

De 4 k., 5 à 9 k., si c'est une vache laitière.

De 4 k., 5 à 13 k., 5 si c'est un bœuf à l'engrais.

De 4 k., 5 à 9 k., 9, si ce sont des mérinos adultes qu'on veut entretenir.

La meilleure nourriture doit toujours être donnée aux élèves les plus jeunes. En général, la principale cause de la dégénération des races d'animaux est le défaut d'une nourriture assez substantielle pendant la jeunesse.

Remarques — 1° Pour remplacer 100 kil. de foin 1re qualité, il faut 120 de la 2e, 140 de la 3e et 160 de la 4e ;

2° Le regain est préférable au foin pour la bête à cornes et c'est le contraire pour le cheval ;

3° On calcule que le trèfle et la luzerne, en se desséchant perdent les 3/4 de leur poids vert ;

4° On s'est assuré que les pommes de terre crues poussent au lait ; cuites elles poussent à la graisse ;

1° Les navets engraissent les bœufs et les moutons, mais non les porcs.

LE MOUTON.

Le mouton, l'agneau, la brebis, le bélier ne forment qu'une espèce sous différents états, espèce ainsi caractérisée : Ruminants à cornes contournées, ayant trente deux dents, pouvant donner l'indice de l'âge, le museau terminé par des narines allongées et obliques sans mufle, l'oreille pendante, d'une constitution faible et lymphatique, très-sensible à l'excès de la chaleur, du froid, de l'humidité. Sa fourrure se compose de poils ou jarre et de laine.

Le mouton perfectionné doit avoir la tête petite, le

Fig. 15. — Le Bélier.

corps présentant la forme d'un baril, l'épine dorsale droite, horizontale formant une table large ; la poitrine ample, les côtes écartées, les flancs très-courts, les jambes nues et grêles. L'animal devra avoir de l'aptitude à s'engraisser.

Le parcage bien dirigé est favorable à la santé des moutons ; on soustrait ainsi ces animaux à la chaleur étouffante des bergeries et on les préserve de certaines maladies inhérentes à la malpropreté. Mais il faut, pour le pratiquer, choisir une époque convenable et y habituer peu à peu les moutons en les faisant coucher d'abord sous un hangard et dans une cour, afin de les habituer à la fraîcheur des nuits. Eviter surtout de les laisser exposés à une trop grande humidité ou à une chaleur brûlante, surtout quand la tonte vient d'avoir lieu.

Un mouton de taille moyenne mange environ 1 kilog. de foin par jour ou quatre kilog. d'herbe fraîche.

La ration d'entretien se calcule à raison de 35 à 40 grammes du poids de l'animal pesé vivant ; il est bon de faire entrer les racines pour moitié dans les rations.

Le sel doit toujours figurer dans le régime des bêtes à laine. On le fait fondre dans l'eau pour en arroser le fourrage. Un kilogr. par semaine suffit pour quarante moutons.

Nous n'entrerons pas dans de longs détails sur la tonte du mouton. On lave la laine à dos ou bien après la tonte. Dans le premier cas on ne procède à la tonte que lorsque la laine est entièrement ressuyée.

Excepté pour les agneaux tardifs ou délicats, il vaut mieux tondre à six mois que d'attendre l'année prochaine, c'est-à-dire dix-huit mois. La laine de *l'agnelin* se vend plus cher que la laine ordinaire ; on en fait des étoffes de mérinos et de casimir.

Parmi les diverses races ovines, on distingue : la race flamande élevée dans la Seine, l'Oise et l'Aisne ;

La race mérinos et métis-mérinos que l'on trouve dans la Brie, la Beauce, le Soissonnais, la Champagne, la Bourgogne, le Roussillon, l'Ariége et les Pyrénées.

La race de Larzac dont on obtient les fromages de Roquefort ; la race du Poitou et celle du Berri.

Sous le rapport de la laine, on divise le mouton en neuf catégories :

1° Mérinos très-fins ; 2° Mérinos fins ; 3° Mérinos ordinaires ; 4° premiers métis de Beauce et de Brie ; 5° Bons métis ; 6° Gros métis ou bonne entrefine ; 7° indigène fine ; 8° à laine longue des races indigènes ; 9° à laine moins longue que la précédente et provenant de races plus chétives.

LA CHÈVRE.

La chèvre diffère physiquement du mouton par la présence d'une barbe au menton, par ses cornes recourbées en arrière, par de grosses mamelles ; elle en diffère davantage par son tempérament ardent, sa vivacité, son intelligence. Sa toison se compose presque exclusivement de poils ; la laine n'y entre qu'à l'état de *duvet*.

Fig. 16. — La Chèvre.

La chèvre est peu difficile sur le choix des aliments : presque toutes les plantes lui conviennent. On a calculé que la rente annuelle de cet animal équivaut à sa valeur vénale.

On élève les chèvres dans la région du Sud-Est en Corse, dans les Alpes, dans le Vivarais ; dans les petites montagnes du *Mont d'or* lyonnais, on en élève environ douze mille dans les chèvreries.

En trayant les chèvres trois fois par jour on obtient plus de lait qu'en ne les trayant que deux fois. Il suffit d'artiquer (frapper avec des orties) plusieurs fois la peau des trayons et des mammelles des chèvres stériles pour leur faire secréter du lait.

C'est encore en piquant avec des orties la peau préalablement plumée du ventre des poules qu'on les force à couver à l'époque qu'on préfère.

LE PORC.

La robe du porc domestique ne présente que deux nuances, blanc sale, et noir plus ou moins foncé ; elle se compose de deux sortes de poils, les uns frisés, durs et cachés sous les autres appelés *soies*. Sous la peau s'attache une couche de graisse, *l'axage* ou *saindoux*, puis viennent le *lard* et la *graisse* proprement dite.

Le museau du porc est appelé *groin* : la gueule est garnie de machoires très-fortes et dont la morsure est difficile à guérir ; les dents sont au nombre de trente-quatre : douze incisives, quatre canines et vingt-huit molaires.

Le dos et les reins sont fortement voûtés, les membres antérieurs sont courts, le canal iutestinal est très-développé, il mesure de vingt-sept à vingt-huit fois la hauteur du corps prise au garrot.

Les éleveurs conseillent les formes suivantes :

Corps long et cylindrique, os petits, muscles développés, poitrine large, côtes rondes, dos droit et large, reins aplatis, tête courte, mince, groin fin, pointu ; yeux ardents ; cou court, épais, large ; épaules et cuisses fortes, saillantes, épaisses ; peau douce, élastique, sans plis, soies brillantes, douces, fines, claires.

On élève beaucoup de porcs en Lorraine et dans les départements de l'Aveyron, la Corrèze, les Côtes-du-Nord, la Dordogne, le Finistère, le Gers, l'Ile-et-Villaine, le Maine-et-Loire : L'appétit de cet animal est permanent ; on le nourrit de déchets de toute espèce , de lait et de glands, aussi on l'élève dans les pays qui possèdent des vaches et qui sont voisins de grandes forêts.

Le gland desséché à l'air ou au four est plus profitable que le vert. Cet aliment donne un lard ferme et une viande savoureuse. La meilleure nourriture est encore la pomme de terre et la carotte cuites. écrasées, arrosées de petit-

Fig. 17. — Le Porc.

lait, mélées avec de la farine et assaisonnées de sel.
L'orge, l'avoine, les pois sont excellents : un bon cochon

11

augmente de 10 à 12 kilog. par hectolitre de grains, moitié orge, moitié pois qu'il consomme.

On sale la viande du porc dans un tonneau défoncé, lavé avec beaucoup de soin et frotté avec du sel et du salpêtre ; on répand sur le fond une couche de sel pilé et l'on met une couche de viande que l'on a eu soin de frotter de sel auparavant et que l'on tasse bien ; on met une seconde couche de sel, puis de la viande et ainsi de suite, jusqu'à ce que le tonneau soit plein. On compte 4 kilog. de sel blanc pour 50 kilog. de viande.

On fume aussi la viande après l'avoir salée. Pour cela il faut la mettre en contact avec une grande quantité de fumée froide.

LE LAPIN.

Le lapin est trop connu pour que nous en donnions une longue description : chaque famille, à la campagne, possède sa modeste garenne ; on en élève partout, de toute espèce et de toute grosseur.

Les lapines portent trente ou trente-un jour. On ne doit garder que celles qui font habituellement huit petits. Il est bon d'attendre quinze jours après la mise-bas pour les conduire de nouveau au mâle.

Fig. 18. — Le Lapin.

Jusqu'à huit ou neuf mois un lapin gagne au moins vingt-cinq centimes par mois à dater du sevrage ; à deux mois le lapereau vaudra vingt-cinq centimes ; à trois mois il en vaut cinquante; à huit mois il vaudra deux francs.

Le lapin peut manger de tout : la pomme de terre, les carottes, le topinambour, le cerfeuil, le persil, le céleri, l'angélique, le thym, le serpolet, les chicorées, les laiterons, les choux, les racines de patience, les feuilles de ronce, de chêne, etc., lui conviennent parfaitement. La ciguë, la belladone, le pied de veau, l'euphorbe sont des poisons pour lui.

BASSE-COUR,

Les animaux composant la basse-cour appartiennent à trois ordres différents : les gallinacées, comprenant la poule, la dinde ; les palmipèdes comprenant l'oie et le canard ; les colombins comprenant les pigeons.

Fig. 19. — Le Coq.

Les poules pondent à peu près toute l'année, excepté en octobre et novembre, époque de la mue ; en moyenne une poule donne 80 œufs. Lorsqu'elle veut couver elle cesse de pondre et glousse d'une façon particulière ; pour lui en faire passer l'envie, on lui plonge le derrière dans l'eau. L'incubation dure vingt et un jours, le poulet brise lui-même sa coquille et peut rester 15 à 24 heures sans prendre de nourriture ; à trois mois on châtre les poulets pour en faire des *chapons*, et les poulettes pour en faire des *poulardes*.

L'éducation de la *dinde* et des *dindons* est plus profitable, mais plus difficile que celle de la poule. On les nourrit aux champs. La pomme de terre cuite, le gland, la chataigne, la noix les engraisssent. Le dindon peut acquérir à dix mois, un an, le poids de 5 à 6 kilog.

Le canard trouve seul sa nourriture ; il demande de l'eau. La cane est très-mauvaise couveuse. Souvent on confie ses œufs à une dinde qui en couve 20 à 25.

Fig. 20. — Le Pigeon.

Le pigeon s'élève dans les colombiers. Une paire de pigeons donne par an 4 pigeonneaux. Il faut les manger à un mois, plus tard ils sont moins bons et ils maigrissent. La

femelle ne donne que deux œufs par ponte et le mâle s'occupe de l'incubation.

LES ABEILLES.

Cet insecte, si utile, est répandu par toute la France.
Il provient d'un ver éclos d'un œuf que dépose la femelle
dans une petite loge construite exprès et dont la substance
et la couleur varie selon les espèces.

Fig. 21. — Le Rucher.

L'abeille vit en société. Dans une ruche on distingue:
1° les *neutres* ou *mulets*; 2° Les *mâles*; 3° une *femelle*.
Les mâles sont dépourvus de dards et sont inhabiles au
travail, aussi les ouvrières les tuent lorsque la reine est
devenue mère.

Une seule femelle est la mère de toute une ruche ; elle
porte quelquefois plus de dix mille œufs dans son ventre.
On lui donne le nom de *reine* parce qu'elle est l'objet du
respect général de la part de sa nombreuse progéniture.

Les ouvrières recueillent sur les végétaux la *propolis*,
substance collante destinée à fermer les fentes des parois
de l'habitation ; la *cire* pour construire leurs gâteaux et
les cellules destinées à recevoir le *miel* ; le *pollen* ré-
coltés sur les fleurs.

Lorsque les loges sont construites en nombre suffisant,

la reine après les avoir examinées dépose un œuf dans chacune d'elles. Cette opération dure jusqu'à l'automne. La reine reste engourdie pendant tout l'hiver.

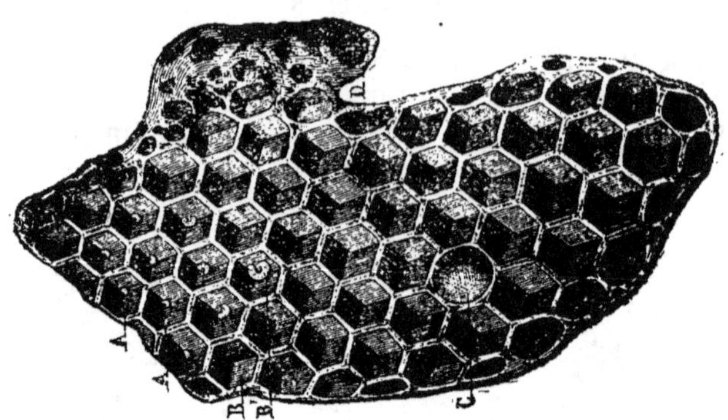

Fig. 22. — Fragment de rayon.

A, B, B, Larves de différents âges. — C, cellule de femelle supplémentaire. — D, cellule de femelle normale.

Ces œufs éclosent au bout de quatre à cinq jours ; il en sort alors un ver blanc et mou que les ouvrières soignent et nourrissent. Au bout de douze jours, la jeune abeille sort de la prison où elle était enfermée ; une nuit suffit pour la rendre propre au travail, le matin, guidée par les anciennes, elle commence ses excursions.

Lorsque les abeilles ne peuvent plus tenir dans la ruche, elles forment des *essaims* et vont chercher une nouvelle demeure, la reine en tête. Quand celle-ci s'est arrêtée sur une branche, toutes les abeilles viennent se grouper autour d'elle. Dès que le départ commence, on jette en l'air de l'eau et du sable, ou bien on fait du bruit en frappant sur une casserole afin de l'arrêter plus tôt. Quand l'essaim est fixé, on place une ruche sous la branche que l'on secoue. Les abeilles retombent dans la ruche.

Il est mieux de faire soi-même le partage des abeilles et voici comme l'on s'y prend :

Quelques jours avant l'époque présumée du départ, vers dix heures du matin, quand la plus grande partie des ouvrières est dehors, on dirige de la fumée dans la ruche.

Les abeilles remontent ; on peut soulever la ruche sans danger et la renverser sens dessus dessous. On la couvre alors par une autre ruche vide dans laquelle les abeilles accourent avec leur reine. Le passage terminé on porte les deux ruches à leur place. Les abeilles arrivant dans la première ruche et n'y trouvant plus de reine s'empressent d'en faire une et les travaux reprennent avec activité.

DEUXIEME PARTIE

CHAPITRE XI.

Programme : Comptabilité et tenue des livres. — Dénomination des livres de commerce. — Principales opérations de commerce et de banque. — Banquiers. — Agents de change. — Courtiers. — Sociétés commerciales. — Formules usuelles du billet à ordre. — De la lettre de change. — Du mandat. — Du chèque.

I

De la Comptabilité

La comptabilité ou la tenue des livres est l'art d'enregistrer avec ordre toutes les opérations d'un commerçant ou d'un cultivateur.

A l'aide d'une comptabilité bien tenue, l'agriculteur connaîtra sa situation sous le rapport commercial ; il verra d'où lui viennent ses pertes comme ses profits et dirigera sa culture en conséquence ; la mauvaise tenue des écritures a été bien souvent cause de la ruine des fermiers, d'ailleurs honnêtes et laborieux.

Il y a deux méthodes :

La partie simple et *la partie double.*

La première est plus compliquée, plus laborieuse que la seconde.

Elle consiste à prendre de simples notes des personnes

qui doivent, et à qui l'on doit ; il n'est pas possible de se rendre compte ainsi des achats, des ventes, de l'état de la Caisse, de la valeur des capitaux. Pour obtenir un renseignement, il faut un temps considérable et des recherches ennuyeuses ; tout au plus si cette méthode peut convenir au petit commerçant, au petit propriétaire, à l'ouvrier soigneux qui veut établir son *budget* sur un livre de recettes et de dépenses.

Elle ne répond pas aux exigences de la loi qui veut que « tout commerçant ait un livre *journal* qui *présente* ses dettes actives et passives, les *opérations de son commerce*, ses négociations, acceptations ou endossements d'effets et généralement tout ce qu'il reçoit et paie à quelque titre que ce soit, et qui *énonce*, mois par mois, les sommes employées à la dépense de la maison : le tout indépendamment des autres livres usités dans le commerce, mais qui ne sont pas indispensables. »

Le cultivateur est un industriel et un commerçant quand il vend ses denrées et ses produits. Ce que nous disons ici est donc applicable au commerce, à l'agriculture, à l'industrie. Dans l'une ou l'autre de ces branches, on est également obligé non-seulement d'enregistrer les recettes et les dépenses, mais de constater toutes les opérations, de faire toucher du doigt les erreurs, de donner à chaque instant le résultat des affaires. La tenue des livres en partie double remplit ces conditions essentielles. C'est la seule qui convienne à la grande et à la moyenne culture.

Appuyons-nous sur un exemple pour faire comprendre la différence qui existe entre les deux méthodes.

Je vends à Rivart 45 hectol. de froment à 20 fr., soit 900 fr. qu'il me paye.

En partie simple, j'inscrirai ainsi qu'une somme de 900 fr. est entrée dans la Caisse :

Avoir Rivart 900 fr.

Vendu 46 hectol. de froment à 20 fr.

En partie double, je passerai écriture du froment vendu et de l'argent reçu en écrivant sur le Journal :

Caisse à *froment* ou à *marchandises générales*, 900 francs.

Ainsi pour chaque article en *partie simple*, il n'y a

11.

qu'un seul débiteur ou un seul créancier inscrit, tandis qu'en *partie double*, il y a toujours un débiteur *et* un créancier.

Les livres employés pour la comptabilité sont :

Le livre des *inventaires*, le *mémorial* ou *main-courante*, le *journal*, le *grand-livre*, le *livre de caisse*, le *copie de lettres*, le carnet des *effets à recevoir* et celui des *effets à payer*.

Outre la plupart de ces livres, le cultivateur devra se procurer des livrets pour la vérification des travaux des ouvriers, des bergers, etc., des tableaux d'assolements. Un livre des frais généraux ou de dépenses de ménage, etc.

Des livres de commerce.

DU LIVRE D'INVENTAIRES.

Sur ce livre, on porte chaque année l'inventaire, prescrit par la loi, qui présente l'*actif* du cultivateur, c'est-à-dire l'argent en caisse, la valeur des meubles et immeubles, des marchandises, des instruments agricoles, des chevaux, bestiaux, etc. ; et le *passif*, c'est-à-dire tout ce que doit le cultivateur.

L'excédant de l'*actif* sur le *passif* donne le capital net.

Ce livre est prescrit dans le but d'éclairer le commerçant ou le cultivateur sur ses profits et pertes, et aussi pour fournir aux créanciers et à la justice des documents qui permettent, en cas de faillite, de prononcer sur la bonne ou la mauvaise gestion du failli.

Dans la comptabilité agricole, l'espace de temps qui s'écoule entre deux inventaires est d'un an. Pour l'ouverture des comptes nouveaux et la clôture de l'ancien exercice, on peut choisir la fin de l'automne, la fin de l'hiver ou la fin du printemps. Cette clôture doit se faire avec ordre, d'une manière suivie et simultanément pour tous les comptes qui ont de l'analogie entre eux. On ne doit considérer comme bénéfice ou comme perte réelle que la différence entre les dépenses et les produits des comptes qui n'ont plus aucun rôle à jouer.

DU LIVRE DE CAISSE.

On doit avoir deux livres de *Caisse*.

Sur le premier on inscrira les achats et les ventes au comptant pêle-mêle, par ordre de date ; les petites sommes payées aux ouvriers, les dépenses du ménage et les frais généraux, etc.

Sur le second on inscrira, par débit et crédit, toutes les sommes résultant du dépouillement de celles qui sont portées sur le premier, en classant les diverses recettes et dépenses : mettant à la suite et groupant tout ce qui a rapport aux marchandises, aux effets, au salaire des ouvriers, etc.

Ainsi l'on simplifie beaucoup les écritures du journal, car tout ce qui a rapport à la caisse, argent donné ou reçu doit toujours être porté au livre de caisse et de là au journal.

Les ventes au comptant portées sur le Mémorial doivent être inscrites sur le livre de caisse d'où elles sont portées ensuite au journal.

DU MÉMORIAL.

Comme le Livre-Journal doit être tenu sans blancs, lacunes, ni transport en marge, les commerçants inscrivent d'abord sur un *livre-brouillard* toutes leurs opérations, jour par jour et par ordre de date.

L'important, pour la tenue de ce livre, est de ne rien omettre, de ne pas faire de double emploi et de n'y porter que des valeurs exactes.

DU JOURNAL.

Ce livre, comme celui des *inventaires*, est visé et paraphé par le président du tribunal de commerce ou, à défaut de tribunal de commerce, par le maire ou l'adjoint de la localité. Il est destiné à recevoir par *débit* et *crédit*, les articles passés au livre de caisse et au mémorial.

Débiter un compte, c'est écrire à son débit ou à son *Doit* ; le *créditer*, c'est écrire à son crédit ou à son *Avoir*.

Le principe fondamental sur lequel repose la tenue d'un journal en partie double est de *débiter* le compte qui *reçoit* et de *créditer* celui qui *fournit*.

Ainsi le compte qui reçoit *doit* et *il est dû* au compte qui fournit.

Avant donc de passer un article au journal, il faut s'adresser ces deux questions : qui *reçoit ?* qui *fournit ?*

Un client est créditeur quand on ne lui donne rien en échange de l'objet qu'il fournit ; il est *débiteur*, s'il ne donne rien en échange de ce qu'il a reçu.

Dans la partie double, le cultivateur sera, comme le commerçant, représenté par des *comptes généraux* qui agissent en son nom exactement comme s'ils étaient des personnes.

Ainsi, le compte *Capital* représente l'avoir du cultivateur. On y inscrit au crédit les dons qu'il fait, les dots qu'il constitue, etc ; au débit, ses héritages, les présents qu'il reçoit, etc.

La *Caisse* fait les recettes et les paiements.

Les *marchandises* ou les produits de *l'exploitation* achètent ou vendent tout ce qui a rapport à la ferme ou en provient.

Les *meubles et immeubles* achètent, revendent ou échangent les objets mobiliers, les instruments aratoires, etc.

Les *effets à recevoir* transmettent et encaissent les billets que reçoit le cultivateur.

Les *profits et pertes* supportent les pertes et reçoivent les bénéfices.

Contrairement à ce qui s'enseigne dans la plupart des ouvrages de comptabilité, nous ne mentionnons pas les *effets à payer* au journal. A l'époque de l'échéance, on en porte le montant au crédit des marchandises ou de tout autre compte pour lequel l'effet a été souscrit, c'est ainsi que l'on opère dans la pratique.

DU GRAND LIVRE.

Sur le *grand livre*, on ouvre un compte par *débit* et *crédit* aux *comptes généraux*, à tous les correspondants, aux diverses cultures dont on veut connaître les bénéfices et les pertes et que l'on considère alors comme des comptes généraux.

Chaque folio a deux pages, l'une à gauche où se trouve le débit ou *doit* de chaque correspondant, et l'autre à droite, ou se trouve son crédit ou son *avoir*.

On appelle *balance* ou *solde*, la différence qui existe entre le total du débit et le total du crédit.

LIVRE DES TRAITES ET BILLETS.

On inscrit sur ce livre les effets que l'on reçoit ou que l'on fournit en indiquant la date de leur entrée et de leur sortie.

LIVRE D'ÉCHÉANCES.

Sur ce livre on inscrit par ordre de dates et de mois les divers effets que l'on doit payer, en ayant soin, quand on acquitte un de ces effets, d'indiquer dans une colonne spéciale le nom du porteur qui en a reçu le paiement.

II

Le commerce est une succession d'échanges. Il a pour objet de livrer à la consommation les produits de l'agriculture et de l'industrie. On le divise en commerce *intérieur* ou échange de produits dans un même pays et en commerce *extérieur* ou échange de produits avec les pays étrangers.

Sont réputés *commerçants* tous ceux qui exercent des actes de commerce et en font leur profession habituelle.

Les actes de commerce consistent en achats de denrées et marchandises pour les vendre, soit en nature, soit après les avoir travaillées et mises en œuvre ; les entreprises de manufactures, de commissions, de transports par terre et par eau ; les entreprises de fournitures, d'agences, bureaux d'affaires ; établissements de vente à l'encan, de spectacles publics ; toute opération de change banque ou courtage; toutes obligations entre négociants, marchands et banquiers.

Les agriculteurs sont donc essentiellement commerçants en raison des denrées produites par leurs propriétés et destinées à être vendues.

Les intermédiaires et auxiliaires du commerce sont les banquiers, les agents de change et les courtiers.

Les *banquiers* reçoivent les billets à ordre et lettres de change et se chargent, moyennant une commission, un intérêt et une remise nommée *change de place*, de la négociation et du recouvrement de ces *effets*.

Les *agents de change* ont le droit exclusif de négocier les effets publics destinés à être cotés à la bourse tels que les rentes sur l'Etat, les actions et les obligations de chemins de fer et des compagnies industrielles. Ils s'occupent aussi de l'achat et de la vente des matières d'or et d'argent.

Les *courtiers* sont des officiers ministériels chargés d'opérer la vente des marchandises, d'en constater le cours et de procéder à diverses opérations de courtage. Il y a des courtiers de marchandises, d'assurances, de transport de bestiaux, etc.

On distingue quatre sortes de sociétés commerciales : La société en commandite, la société anonyme et l'association en participation.

La société en *nom collectif* est celle que contractent un certain nombre de personnes qui font le commerce sous une raison sociale et qui sont toutes tenues solidairement à remplir les engagements de la société.

La société en *commandite* se contracte entre plusieurs associés responsables et solidaires et plusieurs autres associés, simples bailleurs de fonds, nommés commanditaires, et qui ne supportent les pertes que jusqu'à concurrence des fonds apportés par eux dans la société.

La société *anonyme* n'est désignée par le nom d'aucun des associés dont aucun n'est solidaire. Elle porte le nom de l'objet de son entreprise,

Les *Tribunaux de commerce* sont établis pour juger les contestations entre commerçants ; ils sont investis, dans certaines circonstances, d'un droit de surveillance et d'une autorité administrative.

Ils se composent d'un Président choisi parmi les juges et nommé par le gouvernement; de juges et de juges suppléants, nommés par une assemblée de notables commerçants.

Les *Bourses de commerce* ou simplement *Bourses* sont des locaux où se réunissent les commerçants, les agents de change et courtiers, pour se livrer à des opérations de commerce intérieur ou extérieur, à des négociations de banque et à des spéculations sur les effets publics.

DES EFFETS DE COMMERCE.

Les effets de commerce sont les divers billets usités pour faciliter le mouvement du numéraire, qu'ils remplacent pour ainsi dire, et dont la propriété se transmet soit par la remise du billet, soit par voie d'endossement.

La *lettre de change* est un acte écrit par lequel le souscripteur mande à une personne, résidant dans un autre lieu d'y payer une certaine somme à celui au profit duquel la lettre est souscrite, ou à son cessionnaire.

Celui qui fait la lettre de change s'appelle *le tireur* celui auquel la lettre est adressée est le *tiré*.

Si ce dernier met son acceptation sur la lettre il prend le nom *d'accepteur*.

Si le porteur d'une lettre de change la cède à une autre personne par un endossement, il prend le nom *d'endosseur*.

La lettre de change est tirée d'un lieu sur un autre, elle est datée, elle énonce la somme à payer, le nom du tiré, l'époque et le lieu où le paiement doit se faire. L'indication de la valeur fournie (espèces, marchandises, en compte) elle est mise à l'ordre d'un tiers ou à l'ordre du tireur lui-même.

MODÈLE.

Paris, le 4 janvier 1873.   *B. P. Fr. 1500.*

Au quinze février prochain, il vous plaira payer par cette seule lettre de change à M. X.... ou à son ordre, la somme de quinze cents francs, valeur reçue en marchandises.

                       Signature,

à M. Z... négociant

à   , rue   , n°

Le tireur et les endosseurs d'une lettre de change sont garants solidaires de l'acceptation ou du paiement à l'échéance.

La propriété d'une lettre de change se transmet par voie *d'endossement*.

L'endossement se fait sur le dos du billet. On écrit : *Payez à l'ordre de M. X. valeur reçue en espèces.*

Paris, le   janvier 1873. Signé Y.

Le paiement d'une lettre de change, indépendamment de l'acceptation et de l'endossement peut être garanti par un *Aval*.

L'*Aval* est une garantie fournie par un tiers, sur la lettre même ou par un acte séparé.

Le refus de paiement doit être constaté le lendemain du jour de l'échéance par un acte que l'on nomme *protêt*. Si ce jour est un jour férié légal, le protêt est fait le jour suivant.

Le billet à ordre est la reconnaissance d'une dette avec promesse de la payer. Celui qui souscrit l'effet est le *souscripteur* ; celui au profit duquel l'effet est souscrit, prend le nom de *preneur* ou de *bénéficiaire*.

Toutes les dispositions relatives aux lettres de change sont applicables aux billets à ordre.

Le billet à ordre énonce la somme à payer, le nom de celui à l'ordre de qui il est souscrit, l'époque à laquelle le paiement doit s'effectuer, la valeur qui a été fournie.

MODÈLE.

Paris, le 20 janvier 1873.   *B. P. Fr. 1,500*

Au quinze février prochain, je paierai à M. X..., ou à son ordre, la somme de quinze cents francs, valeur reçue en Marchandises.

(Signature.)

Le *Mandat* ressemble beaucoup à la lettre de change ; c'est un acte par lequel le souscripteur ordonne à un tiers de payer à une personne ou à son ordre une certaine somme.

Le mandat n'est ni de nature commerciale, ni sujet à l'acceptation.

MODÈLE.

Paris, le 4 janvier 1873.   *B. P. Fr. 1,500.*

Au premier mars prochain, il vous plaira payer, contre ce présent Mandat, à M. N... ou à son ordre, la somme de quinze cents francs, valeur reçue en marchandises.

       Votre tout dévoué,

                     (Signature).

A M. Z..., négociant à Marseille, rue   *nº*

Le *Chèque* est un bon que remet un commerçant à un autre commerçant, pour être touché chez un banquier chez lequel il a placé des fonds qu'il ne voulait pas garder chez lui improductifs.

MODÈLE D'UN CHÈQUE.

Série 2.		*Legrand, négociant.*
		Fr. 600.
Nº 12.	C. RIVART, & Cie banquiers.	Série 2º, nº 12, le 25 janvier 1872.
Somme F. 600.		*Payez à M. Lefèvre ou à son ordre, la somme de six cents francs, à mon débit.*
Date : 25 janvier 1872.		Legrand.
		C. Rivart et Cie, banquiers.

Lettre de voiture. — La lettre de voiture est un contrat passé entre l'expéditeur et le voiturier. Elle doit être datée et indiquer la nature, le poids ou la contenance des objets à transporter ; le délai dans lequel le transport doit être effectué ; le nom de celui à qui la marchandise est adressée ; le nom et le domicile du voiturier ; le prix de la voiture ; l'indemnité due pour cause de retard. Elle est signée par l'expéditeur et le commissionnaire et présente

en marge les marques et numéros des objets à transporter.

MODÈLE.

Rouen, le   janvier 1873.

Voiture. . . . . . 5 f.

Remboursement . 1

Total . . . . . 6 f.

L. L.

Nᵒˢ 1, 2, 3.

A la garde de Dieu, et sous la conduite
du sieur X ..., voiturier à
rue   nᵒ   vous recevrez
trois colis de   marqués
comme en marge, du poids de   ;
lesquels devront vous être remis en bon état,
dans le délai de   , à peine
de retenue, pour retard, du tiers du prix de
voiture.

Pour prix de ladite expédition, vous paie-
rez au sieur X..., la somme de
et lui rembourserez celle de 1 fr. pour timb.

(Signature de l'expéditeur).

A M. Z..., négociant à Paris, rue   nᵒ   .

Le *Connaissement* est un écrit par lequel le capitaine
d'un navire déclare avoir reçu du chargeur les marchandises dont il doit opérer le transport. Cet acte est pour le
transport par eau, ce que la lettre de voiture est pour le
transport par terre. Il est fait en quatre originaux au
moins, signés par le chargeur et par le capitaine. Il doit
indiquer les espèces ou qualités des marchandises à transporter ; le nom du chargeur ; le nom et l'adresse de celui
à qui l'expédition est faite ; le nom et le domicile du capitaine ; le nom et le tonnage du navire ; le lieu du départ
et celui de la destination ; le prix du fret. Il présente en
marge les marques et numéros des objets à transporter.
Il peut être à ordre, au porteur ou à personne dénommée.

DE L'ESCOMPTE.

L'*Escompte* est la retenue faite par un banquier sur un
billet qu'on échange avant son échéance.

L'escompte se calcule comme l'intérêt.

Règle générale pour trouver l'escompte : quelle que
soit la somme, il faut la multiplier par le nombre de jours,
jusqu'à l'échéance, diviser le produit par cent et ensuite
diviser :

	Soit à escompter un billet de 400 francs à 6 °/₀ pendant huit mois.
Si le taux est 3 par 120	400×240 jours $= 96,000$
— 4 — 90	$\frac{96,000}{60\,0}$ ou $\frac{96}{6} = 16$ francs.
— 5 — 72	L'escompte sera 16 fr. etc.
— 6 — 60	

On trouve le nombre diviseur en divisant 360 par le taux.

Méthode plus rapide quand le taux est 6 °/₀. — Quelle que soit la somme, remarquons qu'en la divisant par 100 nous obtenons l'intérêt ou l'escompte pour 60 jours.

Il devient alors facile de trouver l'escompte pour un nombre quelconque de mois ou de jours.

Exemple. — Un billet de 400 fr. à escompter à 6 °/₀ pendant 8 mois.

400 fr. pendant 60 jours donneront 4 fr.
6 mois en plus donneront, 12
L'escompte sera 16 fr.

Si l'on demandait l'escompte pour 15 jours, c'est-à-dire un demi-mois, on aurait à diminuer de 4 fr.
L'intérêt de 1 mois et demi 3
L'escompte serait 1 fr.

Cet exemple suffira pour faire connaître cette méthode à l'aide de laquelle, avec une simple addition ou une soustraction, on peut trouver l'escompte d'une somme, au taux ordinaire de 6 0/0.

OPÉRATIONS ET TERMES USITÉS DANS LE COMMERCE.

Acquit. — Quand on veut constater qu'un billet ou une facture ont été payés, on écrit au bas ces mots *pour acquit* et l'on signe.

Achat. — C'est l'action de se procurer des marchandises, soit au comptant, soit payables à une époque déterminée.

Agio. — On appelle ainsi la remise que prennent les changeurs sur le change des monnaies et les banquiers sur les effets qu'ils escomptent.

Agiotage. — Opérations de bourse, achats et ventes à *terme*, consistant à jouer à la hausse et à la baisse de valeurs dont on ne prend pas livraison.

Apurement. — C'est une vérification des registres par laquelle le comptable est tenu quitte et déchargé de toute responsabilité.

Arrhes. — On appelle ainsi la somme qu'un acheteur donne au vendeur comme garantie de l'exécution d'un marché.

Echange. — C'est une opération consistant à livrer des marchandises, ou toute autre valeur, pour en recevoir d'autres marchandises ou d'autres valeurs.

Encaissement. — Action de recevoir en espèces le montant d'une facture ou d'un effet.

Cote. — C'est une marque employée pour le classement des marchandises. En terme de bourse, c'est un bulletin indiquant le cours des valeurs. Les livres de commerce, doivent être cotés par un des juges du tribunal de commerce ou par le maire ou l'adjoint.

Dividende. — C'est le bénéfice qui revient à chaque actionnaire d'une société après l'inventaire, ou bien la **part** qui revient à chaque créancier dans une faillite.

Exécution. — Tout acheteur ou vendeur qui n'a pas levé ou livré les valeurs sur lesquelles il a trafiqué, est *exécuté* et l'*exécution* lui ferme l'entrée de la bourse.

Négociation. — Cette opération consiste à vendre contre espèce des billets ou lettres de change. — C'est le contraire de l'escompte.

Ouvrir un crédit. — C'est donner une autorisation écrite et signée, à quelqu'un, de recevoir à la caisse d'un correspondant une certaine somme déterminée.

Prélèvement — On appelle ainsi les sommes que l'on prend d'avance sur des bénéfices présumés. Les commissionnaires et les banquiers *prélèvent* une commission sur leurs opérations.

Règlement. — Recevoir ou donner un règlement, c'est recevoir ou donner des valeurs qui ne libèreront entièrement le débiteur que lorsqu'elles auront été acquittées.

Renouvellement. — On entend par renouvellement la création d'un effet de commerce qui ne sera pas payé à son échéance.

Report. — C'est la somme d'une colonne de chiffres que l'on répète en haut de la page suivante à une autre colonne.

En terme de bourse, ce n'est le plus souvent qu'un prêt usuraire qui, sous forme d'achat et de vente favorise un jeu illicite.

Redressement — C'est la rectification d'une erreur sur les livres de commerce.

Comme il est défendu de raturer sur le Journal, quand une erreur a été commise sur ce livre, on l'annule en passant un autre article dont les titres se trouvent dans l'ordre inverse du premier, afin que les sommes figurent en même temps au *doit* et à l'*avoir* des comptes du *grand-livre*.

Remboursement. — C'est la restitution que l'on fait au banquier ou à l'un des endosseurs d'un effet non-acquitté. C'est encore la remise d'une somme que quelqu'un avait déboursée pour nous.

Vente. — Action de céder la marchandise ou une valeur quelconque pour un prix déterminé.

Les ventes comme les achats se font au comptant, à crédit ou par règlement.

Virement. — C'est un transport qu'un débiteur fait à son créancier d'une somme à prendre chez une autre personne ; c'est encore le transfert d'une somme d'un compte à un autre.

Versement. — Le versement est un dépôt d'espèces fait dans une maison de commerce ou dans une banque. Il peut se faire aussi en marchandises ou en valeurs négociables.

III

Modèles des livres de commerce.

—

LIVRE DES INVENTAIRES

Inventaire général de mon exploitation au moment où j'en prends possession, 29 décembre 1872.

Argent en caisse		20,000	»
Valeur des bâtiments.............	40,000		
32 hectares de terre à 2,000 fr....	64,000		
10 — de prairies à 4,000 fr.	40,000		
5 — luzerne et sainfoin		174,000	»
à 4,000 fr	20,000		
Mobilier et instruments aratoires (*détailler*).....................	10,000		
14 chevaux à 1000 fr.	14,000		
20 vaches à 700 fr...............	14,000	29,800	»
6 porcs à 100 fr................	600		
Basse-cour évaluée à	1,200		
60 hectolitres d'orge à vendre à 12 f.	720		
25 — froment à 22 f.	550		
30,000 kil. paille, à 40 fr........	1,200	5,870	»
50,000 betteraves	900		
18,000 pommes de terre......	1,800		
Récoltes ensemencées (*détailler*)..	700		
Total de l'actif...........		229,670	»

MÉMORIAL.

— 30 décembre. —

1° Mon inventaire se détaille comme suit:

Argent en caisse......................	20,000	»
Meubles et immeubles.................	174,000	»
Bestiaux...........................	29,800	»
Denrées en magasin.	5,870	»
— 4 janvier 1873. —		
2° Acheté une vache au comptant........	350	»

— 6 d°. —

3° Acheté une charrue...................... 120 | »

7 d°.

4° Vendu au comptant 20 hect de froment
à 22 fr.............................. 440 | »

— 10 d°. —

5° Vendu à Maréchal 100 kil. de pommes de
terre à 10 fr...................... 1,000 | »
Il me fait un b¹/ à m/ o/ 25 courant....

— 12 d°. —

6° Vendu à Magdeleine, distillateur, des bett.-
raves pour......................... 160 | »

— 15 d°. —

7° Acheté 60,000 kil. d'engrais........... 380 | »

— 25 d° —

8° Le billet Maréchal revient impayé ......
retour et protèt .... 1,007 | 50

— du 31 —

9° Payé à mes domestiques......... 165 f.)
Payé aux journaliers........... 25)
Dépense du ménage pendant le) 435 | »
mois..................... 245)

— d° —

10° Produit de la vente au comptant
de la laiterie et de la basse-cour.. 120 | 120 | »

EXPLICATIONS POUR LA TENUE DU JOURNAL.

1°

D'après mon inventaire je possède :

1° 2,000 fr. en caisse.

Qui reçoit ? la *caisse*. Qui fournit? le *capital*.

Je débiterai Caisse et créditerai capital.

2° La valeur des bâtiments et des terres est de 174,000
francs.

Qui reçoit ? *Meubles et immeubles* : Qui fournit? *Capital*.

Je débiterai meubles et immeubles et créditerai Capital.

3° Les bestiaux ont une valeur de 29,800 fr.

Qui reçoit? *Bestiaux* ; qui fournit? *Capital*.
Je débite bestiaux et crédite capital.
4º J'ai acheté à mon prédécesseur ses denrées dont la valeur est de 5,870 fr.
Qui reçoit ? *Marchandises* ; Qui fournit? *Capital*.
Je débite marchandises et crédite capital.
Et pour simplifier, j'écris :
Les suivants à Capital :
Caisse etc.   (*Voir le journal.*)

2e

Qui reçoit? *Bestiaux*. Qui fournit? *Caisse*.
Bestiaux à Caisse, etc.

3e

Qui reçoit ? *Meubles et immeubles*. Qui fournit ? *Caisse*.
Meubles et immeubles à Caisse, etc.

4e

Qui reçoit ? *Maréchal*. Qui fournit? *marchandises*.
Maréchal à Marchandises.
D'autre part, les effets à recevoir reçoivent aussi de Maréchal.
Effets à recevoir à Maréchal, etc.

5e

Qui reçoit ? *Magdeleine*. Qui fournit ? *March indises*.
Magdeleine à Marchandises, etc.

6e

Qui reçoit? *Frais généraux*. Qui fournit? *Caisse*.
Frais généraux à Caisse, etc.

7e

Qui reçoit ? *Maréchal* pour lequel je suis forcé de payer. Qui fournit? La *Caisse, etc.*
Maréchal à Caisse.

8e

Qui reçoit? *Caisse*. Qui fournit? *Magdeleine*.
Caisse à Magdeleine, etc.

9e

Qui reçoit? *Frais généraux*. Qui fournit? *Caisse*.
Frais gé éraux à Caisse, etc.

10ᵉ

Qui reçoit ? *Caisse*. Qui fournit ? les *Marchandises*.
Caisse à Marchandises, etc.

Ces exemples suffiront pour indiquer la marche à suivre et faire comprendre la théorie si simple de la tenue
du **Journal** en partie double.

JOURNAL.

	— 30 décembre 1872. —			
	Les suivants à Capital.			
2/1	*Caisse*	20.000		
	Argent en caisse.			
3/4	*Meubles et immeubles*	174.000		
	Valeur des bâtiments, des terres, et des instruments aratoires.		229.670	»
5/1	*Bestiaux*	29.800		
	Acheté 14 chevaux, 20 vaches, 6 porcs, et la basse-cour.			
4/1	*Marchandises*	5.870		
	Acheté de l'orge, du froment, de la paille, des pommes de terre, etc.			
	— Du 4 janvier 1873. —			
5/2	*Bestiaux à caisse*		350	»
	Achat au comptant d'une vache.			
	— Du 6. —			
3/2	*Meubles et immeubles à caisse*		120	»
	Achat d'une charrue.			
	À Reporter		230140	

12

	Report............	230.140	»
	— Du 10. —		
$\frac{6}{4}$	*Maréchal à marchandises*..........	1.000	»
$\frac{8}{6}$	*Effets à recevoir à Maréchal*.......	1.000	»
	Vente de pommes de terre à Maréchal, contre S/ B/ à M/ 0/ 15 c'...		
	— Du 12. —		
$\frac{9}{4}$	*Magdeleine à Marchandises*........	160	»
	Vente de betteraves.		
	— Du 15. —		
$\frac{7}{2}$	*Frais généraux à caisse*...........	380	»
	Achat d'engrais.		
	— Du 25. —		
$\frac{8}{2}$	*Maréchal à caisse*.	1.007	50
	Retour et protêt		
	— Du 30. —		
$\frac{2}{9}$	*Caisse à Magdeleine*............	160	»
	Reçu pour ses betteraves.		
	— Du 31. —		
$\frac{7}{2}$	*Frais généraux à caisse*..........	435	»
	Payé mes domestiques, dépenses de ménage et diverses, etc.		
$\frac{2}{4}$	*Caisse à marchandises*...........	120	»
	Produit de la laiterie pendant le mois.		
	Total..........	234.302	»

MODÈLE DU LIVRE DE CAISSE

DOIT		CAISSE					AVOIR		
Déc.	29	Capital. Mon versement.	20.000	»	Janv. 4	Achat d'une vache.	350	»
Janv.	30	Magdeleine. (Solde).	160	»	» 6	» d'une charrue.	120	»
»	31	Laiterie et fromagerie. Vente			» 15	» d'engrais.	380	»
		au comptant.	120	»	» 25	» Maréchal, retour et pro		
						têt.	1.037	50
					» 31	Payé à mes domestiques.	165	»
					» Id.	» aux journaliers, ...	25	»
					» Id.	Dépenses de ménage pour le		
						mois.	245	»
						Balance.	17.957	50
			20.280	»			20.280	»
Fév.	1er	Balance.	17.957	50				

MODÈLE DU

Folio 1	**Doit**	CAPITAL		

Décembre 29.				

Folio 2.	**Doit**	CAISSE		
Décembre 29.	à capital, inventaire argent en caisse		20.000	»
Janvier 30.	à Magdeleine pour betteraves		160	»
— 31.	à marchandises vente au comptant du mois		120	»

Folio 3.	**Doivent**	MEUBLES	ET	
Décembre 29.	à capital, inventaire valeur des bâtiments, etc		174.000	.»
Janvier 4	à Caisse, achat d'une charrue		120	»

Folio 4.	**Doivent**	MARCHANDISES		
Décembre 29.	à capital, inventaire val. des marchand en magas.		5.870	»

Folio 5.	**Doivent**	BESTIAUX	ET	
Décembre 29.	à capital, leur valeur après inventaire		29.800	»
Janvier 4.	à caisse achat d'une vache		350	»

Folio 6.	**Doit**	MARÉCHAL		
Janvier 10.	à marchandises pour pomme de terre		1.000	»
— 25.	à caisse retour et protêt		1.007	50

Folio 7.	**Doivent**	FRAIS		
Janvier 15.	à caisse achat d'engrais		380	»
— 31.	à caisse dépens. de ménage et sal. des domestiques		435	»

Folio 8.	**Doivent**	EFFETS	A	
Janvier 10.	à Maréchal S/B à M/O		1.000	»

Folio 9.	**Doit**	MAGDELEINE		
Janvier 12.	à marchandises (Betteraves)		160	»

GRAND LIVRE

CAPITAL			**Avoir.**	
Décembre 29.	par caisse, argent en caisse après inventaire.		20.000	»
	» meubles et immeubles, leur valeur, id.		174.000	»
	» marchandises leur valeur	id.	5.000	»
	» Bestiaux leur valeur	id.	29.800	»

CAISSE		**Avoir**	
Janvier 4.	par bestiaux, achat d'une vache	350	»
— 6.	« meubles et immeubles achat d'une charrue	120	»
— 15.	« frais généraux achat d'une charrue	380	»
— 25.	« Maréchal retour et protêt	1.007	50
— 31.	« frais généraux dépenses du mois et salaire	435	»

IMMEUBLES	**Avoir.**

MARCHANDISES		**Avoir.**	
Janvier 10.	par Maréchal, pour pommes de terre	1.000	»
— 12.	» par Magdeleine pour betteraves	160	»

BASSE-COUR	**Avoir.**

MARÉCHAL		**Avoir.**	
Janvier 10.	par effets à recevoir S. B. à M/O	1.000	»

GÉNÉRAUX	**Avoir**

RECEVOIR	**Avoir.**

DISTILLATEUR		**Avoir.**
Janvier 30.	par caisse pour betteraves	160

12.

CHAPITRE XI.

PROGRAMME : — Régions agricoles de la France — Chemins de fer et canaux. — Débouchés des produits : importation et exportation.

L'administration divise la France en 12 régions agricoles. (*Voir la carte.*) Nous la partagerons en neuf seulement.

1° *La Région du Nord* comprenant onze départements formés de la Flandre, de l'Artois, de la Picardie de la Normandie et de l'Ile-de-France.

On y trouve abondamment le blé, les betteraves, le colza, l'œillette, le lin, le houblon, les légumes secs, les pommes et les poires, des prairies naturelles et artificielles qui nourrissent un nombreux bétail.

2° *La région du Nord-Ouest*, comprenant neuf départements formés de la Bretagne, du Maine et de la Basse-Normandie, nourrit aussi un nombreux bétail dans des gras pâturages, principalement des chevaux et des vaches. On y cultive le sarrazin, l'orge, le chanvre ; les abeilles fournissent un miel jaunâtre excellent.

3° *La région du Nord-Est* comprend la Champagne et la Lorraine, la première peu fertile en céréales et riche en vignoble, la seconde renommée pour ses chevaux, ses

---

NOTA. — Les candidats pour le volontariat d'un an seront examinés sur la partie pratique concernant le commerce des denrées et productions diverses qui font l'objet de la culture dans la région qu'ils habitent.

Ils devront connaître les marchés et les foires, où s'écoulent les produits, ainsi que les prix courants et les moyens de transport.

Nous avons cru nécessaire de donner ici des notions générales sur les régions agricoles. Sur les importations et exportations et sur les moyens de transports par les chemins de fer et les cours d'eau.

Cette leçon doit être apprise sur les cartes dont elle est accompagnée.

vaches laitières et ses porcs. On trouve aussi dans cette région d'excellents pâturages et de grandes forêts de sapins.

4° *La région de l'Est* : (La Franche-Comté, le Lyonnais, la Savoie, la Bourgogne, 12 départements avec l'Isère.) La vallée de la Saône fait un grand commerce en vins, volailles et moutons ; dans la vallée du Rhône on cultive le froment, le maïs, le mûrier, le noyer, le châtaignier. On fabrique des fromages et on élève des abeilles dans le Jura.

5° *La région du Sud-Est*, comprenant une partie du Dauphiné, la Provence, le Comté de Nice, environ onze départements avec ceux de la Haute-Loire, de l'Ardèche et du Gard. On y élève d'immenses troupeaux de bœufs, de chevaux et de moutons. Dans la Provence et le Comté de Nice croissent l'oranger, l'olivier, le citronnier, l'aloès, les céréales, les légumes et les fleurs. Dans le Vivarais, poussent le châtaigner et le mûrier ; la Corse cultive également le mûrier, l'oranger et l'olivier.

6° *La région du Midi* comprend les 9 départements formés du Languedoc et du Roussillon, plus le département de la Lozère. Le sarrazin, les pâturages, les arbres forestiers et surtout les vignes y abondent.

7° *La région du Sud-Ouest*. (La Guyenne, la Gascogne, le Comté de Foix et le Béarn, environ 11 départements). Ses pâturages nourrissent des bœufs, des chevaux et des mulets ; ses champs produisent le maïs, le lin et la vigne. Les vins et les eaux-de-vie de Bordeaux et d'Armagnac sont l'objet d'un immense commerce d'importation et d'exportation.

Les Landes font partie de cette région.

8° *La région du Centre* comprend la Marche, une partie de l'Auvergne, le Bourbonnais, le Nivernais, la Basse-Bourgogne, Le Berry ; 9 départements environ. Elle fournit des bestiaux.

9° *La région de l'Ouest* comprend les neufs départements formés de la Touraine, de l'Aunis, du Limousin, de l'Angoumois, de l'Anjou et du Poitou. On récolte le vin dans la Saintonge, on élève un nombreux bétail dans le Poitou ; l'Anjou fournit des pommes et des poires dont on fait un grand commerce.

Les produits de ces régions trouvent leurs débouchés sur leurs foires et leurs marchés et aussi sur ceux de nos grandes villes.

Paris est le centre le plus important de la consommation. Les départements voisins y apportent leurs denrées, leurs légumes et leurs fruits ; les vaches laitières du Nord et du Nord-Ouest, l'approvisionnement de laitage et de beurre. Les bœufs de la Normandie, de la Bretagne et de la Bourgogne viennent alimenter l'immense marché et l'abattoir de *La Villette* ; les régions du Nord et de la Bourgogne y envoient leurs moutons ; les Côtes-du-Nord, le Finistère, l'Ile-et-Vilaine y expédient des porcs en grande quantité. Enfin, *les halles* regorgent de poules, de dindes, de canards et d'oies venus du Maine et de la Normandie.

Après Paris, comme centre, les villes dont les marchés offrent le plus grand débouché à l'agriculture sont Dunkerque, Boulogne, Lille, Rouen, Nantes, le Havre, dans le Nord ; Marseille, Bordeaux, Lyon, Toulouse, Montpellier, Cette, Nice, Bayonne, dans le Midi.

La laine des moutons des régions du Nord, de l'Est, du Sud-Est et du Centre alimente les filatures de Roubaix, de Tourcoing, de Lille, de Cambrai, de Fourmies, de St-Quentin, d'Amiens et d'Abbeville, etc., ainsi que les fabriques de draps d'Elbeuf, de Louviers, de Lisieux, de Vire, de Rouen ; dePont-Authon, de Sedan, de Rethel, de Reims ; de Nancy, de Mulhouse ; de Nismes ; de Lodève, Bédarrieux et St-Pons ; de Carcassonne ; de Mende, de Limoges ; de Châteauroux; de Tours et d'Orléans.

Les régions du Nord-Ouest, de l'Est, le Dauphiné et la Gascogne fournissent le lin et le chanvre aux filatures de Paris, de Lille, Tourcoing, Armentières, Bailleul, Dunkerque, Douai, Cambrai ; de Boulogne ; d'Abbeville et Amiens ; de St-Quentin ; de Laval et du Mans ; de St-Lô ; d'Alençon ; de Lisieux, Vire et Bernay.

Les *Magnaneries* du Bassin du Rhône, fournissent une grande quantité de cotons aux marchés de l'Ardèche, du Vaucluse, de la Drôme, du Gard et de l'Hérault.

Paris, Lyon, St-Etienne, Nîmes, Tours, ont des soiries importantes qui occupent un grand nombre d'ouvriers.

Les oliviers fournissent les olives aux marchés de Marseille. L'huile est fabriquée dans le Roussillon, la Provence et le Bas-Languedoc.

La région du Midi fournit l'huile d'amandes douces ; la région du Nord, les huiles d'œillette, de colza, de navette, de faîne, de lin.

Les *céréales* alimentent les *Meuneries* importantes de Paris, de Marseille, du Havre, de Lyon, de Clermont-Ferrand, de Corbeil, de Poitiers, de Montauban, etc.

Les fromages de vaches, de brebis et de chèvres sont répandus par toute la France et sont l'objet d'un grand commerce.

Les plus estimés sont le Brie fabriqué en Champagne, le Marolle dans le Nord et la Thiérache, le Camenbert (Orne et Calvados), le Neuchâtel (Seine-Inférieure), le Gruyère et le Septmoncel (Jura), le Roquefort (Aveyron).

Les betteraves de la région du Nord et du Sud-Ouest fournissent environ 200 millions de kilogr. de sucre fabriqué dans les départements du Nord et de l'Aisne.

Outre le sucre, objet d'un grand commerce d'importation et d'exportation, les betteraves donnent encore une grande quantité d'eaux de-vie et d'alcool.

La France importe *la soie*, de la Chine, du Japon et de l'Italie ; *le coton*, de l'Amérique, de la Turquie et de l'Egypte ; la *laine*, de la Turquie, de l'Australie, de l'Allemagne de l'Espagne et de la Russie ; le *sucre*, de ses colonies, de l'Ile Maurice, des Grandes-Antilles, du Brésil ; le *café*, du Brésil, de l'Inde et des grandes Antilles ; le *thé*, de la Chine ; le *poivre*, de l'Inde ; le *tabac*, des Etats-Unis, des Grandes-Antilles, de l'Algérie, de la Turquie ; le *Cacao*, du Brésil, des Antilles et du Pérou.

Elle tire encore des graines oléagineuses, de la Russie de l'Italie et de l'Inde ; l'huile d'olives de l'Italie ; des bestiaux de l'Allemagne, de la Suisse, de la Belgique, et de l'Italie ; des œufs de vers à soie de la Chine et du Japon. Les fruits secs de l'Espagne, de l'Autriche et de l'Algérie ; le riz, de l'Allemagne et de l'Amérique ; les chevaux, de l'Allemagne, de l'Angleterre, de la Belgique et de la Suisse ; le houblon, de l'Allemagne, de la Belgique et des Etats-Unis. Les céréales, de l'Egypte, des Etats-Unis, de la Russie méridionale, et de l'Algérie.

Les principaux produits faisant l'objet de l'exportation sont les vins et les eaux de-vie, en Angleterre, en Russie, en Belgique, en Suisse, en Allemagne, en Amérique, en Egypte, au Brésil.

La *soie*, la *laine*, le *coton*, en Allemagne, en Angleterre, en Espagne et en Italie ; le fromage, le beurre et les œufs en Angleterre, en Belgique etc ; les céréales en Belgique etc ; les chevaux en Espagne, en Belgique, en Angleterre, en Italie ; les mulets, en Belgique, en Espagne, en Italie. en Suisse ; les olives en Angleterre, en Belgique ; la Garance, en Angleterre, aux Etats-Unis, en Suisse ; les bois, en Belgique, en Allemagne, en Espagne etc,

VOIES DE COMMUNICATION

L'établissement d'un bon système de voies de communication est d'une grande importance pour la prospérité de l'agriculture.

Les voies de communication, par terre, sont :

1° Les chemins de fer.

2° Les routes nationales entretenues aux frais de l'Etat.

3° Les routes départementales à la charge des départements.

4° Les chemins vicinaux de grande et petite communication entretenus par les habitants des campagnes au moyen des prestations payées en nature ou en argent.

Il existe encore des chemins établis par les particuliers pour les besoins de leurs exploitations, que les propriétaires entretiennent à leurs frais et qu'ils peuvent supprimer à leur gré.

Le bon état des chemins est d'un grand intérêt pour l'agriculture. Si les routes sont mauvaises, les transports sont plus difficiles et plus coûteux, et la vente des produits est moins avantageuse.

On ne sait pas toujours ce qu'une route nouvelle peut amener de changements dans un pays, parfois elle en fait la richesse, parfois aussi elle y amène la pauvreté.

Un chemin de fer, un canal est ouvert ; des localités situées à 40 kilom. de là enverront vendre à la ville les produits de leur jardinage qu'elles fourniront à meilleur compte que les maraîchers environnants. Les terres de ces localités augmenteront de valeur, tandis que celles du voisinage de la ville resteront stationnaires.

Chemin de fer.

Six grandes compagnies ayant Paris pour tête de ligne, se partagent la plus grande partie du territoire de la France : La compagnie du Nord, celle de Paris-Lyon-Méditerranée, celle de l'Est, celle de l'Ouest, celles d'Orléans et du Midi. (*Voir la carte.*)

NORD.

Le chemin du Nord comprend :

1° La *ligne de Paris à Erquelines* passant à Creil, Chauny, Tergniers, Busigny, Maubeuge, Erquelines, Charleroi, etc.

2° Celle de Paris à Calais, passant par Amiens, Arras, Béthune, Hazebrouck ; embranchement sur Dunkerque.

3° Celle de Paris à Gand, passant par Arras, Douai, Lille, Turcoing.

4° Celle de Douai à Valenciennes et Bruxelles.

5° Celle de Paris à Soissons, Laon, Rheims, Rethel, Mézières, Sedan et Givet.

Embranchement de Laon à Vervins et Hirson

6° Celle de Tergniers à Amiens et Rouen.

EST.

Le réseau de l'est comprend :

1° La ligne de Paris à Strasbourg et l'Allemagne, passant par Meaux, Château-Thierry, Epernay, Vitry-le-Français, Bar-le-Duc, Commercy, Frouard, Nancy, Lunéville, Arlicourt, Strasbourg.

Embranchement de Nancy à Gray par Vesoul, et de Lunéville à St Dié.

2° Celle de Paris à Metz, passant par Epernay, Reims, Mézières, Charleville, Longwy, Thionville, Luxembourg, Metz.

3° Celle de Paris à Châlons et Verdun.

Embranchements de Gretz à Coulommiers ; de Longue-ville à Provins.

4° Chemin de fer de Paris à Vincennes, St-Maur, etc.

OUEST.

Ce réseau comprend :

1° La ligne du Havre passant par Nantes et Rouen, avec embranchements sur Dieppe et sur Fécamp.

2° Celle de Paris à Cherbourg passant par Mantes, Evreux, Bernay, et Caen.

Embranchements sur Trouville et Honfleur, Laigle-sur St-Lo et sur les Andelys ;

3° La ligne de Bretagne passant par Versailles, Chartres, Nogent-le-Rotrou, Le Mans, Laval, Vitré, Rennes, St-Brieuc, Guingamp, Landerneau, Brest ;

4° De Paris à Grandville, passant par Versailles, Dreux, Laigle, Argentan, Flers, Vire ;

5° De Paris aux Sables-d'Olonne, passant par Chartres, le Mans, Angers, Cholet, Nantes, St-Nazaire.

6° De Paris à Châteaulin, par le Mans, Rennes, Redon, Lorient et Quimper.

Embranchement du Mans à Caen, passant par Alençon, Argentan, et Mézidon ; de Mézidon à Falaise par Coubibeuf.

7° Chemin de fer de Paris à Versailles (rive droite et rive gauche) ;

8° De Paris-Ouest à Creil, par Argenteuil, Ermont et Pontoise.

ORLÉANS.

Ce réseau comprend :

1° La ligne de Paris à Bordeaux par Etampes, Orléans, Blois, Tours, Poitiers, Angoulême, Libourne.

Une autre ligne se rendant à Bordeaux par Vendôme, Le Mans et Nantes.

2° Les chemins des Charentes partant de Poitiers pour desservir Niort, La Rochelle, Rochefort, Cognac et Angoulême.

4° La ligne de Bretagne passant par Nantes, Savenay,

Redon, Lorient, Quimper, Châteaulin, Landerneau, Morlaix et Brest.

4° Celle de Paris, Orléans, Vierzon, Châteauroux, Argentan, Limoges, Périgueux, Agen.

5° Celle de Paris, Montauban et Rodez. Embranchements de Vierzon à Saincaise, de Bourges à Moulins par Montluçon, de Montluçon à Gannat.

PARIS—LYON—MÉDITERRANÉE.

Ce vaste réseau comprend :

1° La ligne de Paris à Marseille, par Melun, Montereau Joigny, Tonnerre, Nuits sous-Ravières, Plombières, Dijon, Nuits-sous-Beaune, Châlons-Ville, Mâcon, Villefranche, Lyon, Vienne, Valence, Montélimart, Orange, Avignon, Tarascon, Arles, Rognac, Marseille.

2° Celle de Dijon à Belfort, par Auxonne, Dôle et Besançon.

Embranchements d'Auxonne à Gray; de Nuits-sous-Ravière à Chatillon.

De Dôle à Neufchâtel.

De Besançon à Lyon.

De Lyon à Grenoble.

De Mâcon à Genève.

De Tarascon à Cette.

MIDI.

La tête de ligne de ce réseau est Bordeaux, il comprend :

1° Une ligne, partant de Bordeaux, qui dessert La Réole, Marmande, Agen, Mautauban, Toulouse, Villefranche de L., Castelnaudary, Carcassonne, Narbonne, Béziers, Agde, Cette et Marseille.

Embranchements de Narbonne à Perpignan et Port-Vendre;

De Castelnaudary à Castres;

De Béziers à Agde, Montpellier et Lodève;

De Castelnaudary à Castres et Carmeaux;

De Toulouse à Bayonne par St-Gaudens, Tarbes, Pau, Orthez.

2° Une ligne de Bordeaux. à Bayonne et Madrid.

3º Une autre de Bordeaux, Bagnères-de-Bigorre, Pierrefitte et les Pyrenées

---

Transports par eau.

Un *canal* est est une rivière artificielle, creusée par les hommes, lorsque les fleuves ou les rivières n'ont pas un tirant d'eau suffisant pour la navigation ou que les sinuosités de leur lit offrent des obstacles ou des dangers pour les bateaux.

On a aussi créé des canaux dans une direction où il n'existait pas auparavant de cours d'eau ; on en a même fait passer à travers les chaînes de montagnes, à des hauteurs où il semblait que des routes seules pussent s'élever.

Dans l'origine, les premiers canaux furent creusés à pente continue ; plus tard on construisit les barrages et les *écluses* pour régler la pente et le courant.

On appelle bassin d'un fleuve ou d'une rivière la superficie totale de la région dont les eaux tendent à s'écouler dans le lit de ce fleuve ou de cette rivière.

La France est divisée en cinq grands bassins principaux par: la Seine, le Rhin, le Rhône, la Garonne et la Loire.

Le nombre de ces divisions peut être de beaucoup augmenté, si l'on considère tous les cours d'eau qui se jettent directement à la mer comme des bassins particuliers. Ainsi on pourrait ajouter le bassin de la Somme, ceux de l'Aa, de l'Escaut, de la Meuse, de la Moselle, du Var et de l'Argens ; de l'Aube et de l'Hérault ; de l'Adour, de la Charente, de la Vilaine, du Blavet, de l'Orne.

Les principaux canaux, servant de jonctions de bassin à bassin sont :

1º Le *canal de St-Quentin* qui joint la Seine à la Somme et à l'Escaut ; de Chauny, communiquant avec l'Oise par le canal de *Manicamp*, on va à St-Quentin sur la *Somme* et de St-Quentin à Cambrai sur l'*Escaut*.

2º Le *canal des Ardennes*, unissant la Meuse avec la Seine par l'Aisne et l'Oise.

3°Le *canal de la Sambre à l'Oise*, de Landrecies, sur la Sambre, à la Fère sur le canal de *Crozat;* débouche dans l'Oise par le canal de *Manicamp*.

4° Le *canal de Bourgogne*, joignant l'Yonne avec la Saône par conséquent la Seine au Rhône.

5° Le *canal de Briare*, de Montargis sur le Loing, affluent de la Seine. à Briare sur la *Loire*.

6° Le *canal d'Orléans* de Buges, sur le Loing, à Combleux sur la Loire.

7° Le *canal de la Marne au Rhin*, qui unit la Seine au Rhin, par la Seine, la Marne et la Meuse.

8° Le *canal de Neuf-Fossé*, d'Aire sur la Lys, affluent de l'Escaut, à St-Omer, sur l'Aa.

9° Le *canal du Rhône au Rhin*, de St-Symphorien sur Strasbourg par la Saône et l'Ille.

10° Le *canal du Centre*, qui joint la Loire au Rhône.

11° Le *canal du Midi,* qui unit l'Océan à la Méditerranée, commence à Toulouse et se termine à l'étang de Thau, près de Cette.

12° Le *canal de Nantes à Brest*, qui unit la Loire avec l'Aulne, rivière qui débouche dans la rade de Brest, en traversant les bassins de la Vilaine et du Blavet.

13° Le *canal d'Ille et Rance*, réunissant les deux mers qui baignent les côtes septentrionales et méridionales de la Bretagne.

Nous citerons encore :

Dans le département de la Manche, le canal de *Vire et Tante* qui unit les bassins des deux rivières par une pente continue. Les *canaux de St-Martin et de St-Denis* partant l'un et l'autre du bassin de la Villette pour se diriger sur la Seine, l'un en amont, l'autre en aval de Paris ; le canal du *Berry*, qui unit la Loire à la Loire, entre Marseille-lez-Aubigny et Tours : (*Voir la carte*).

QUESTIONNAIRE

à l'usage des Examinateurs et des Candidats.

CHAPITRE Ier.

Quelle est la tâche de l'agriculteur ? — Quelles sont les sciences qui sont du domaine de l'agriculture ?........... 9

Indiquez les différentes espèces de tiges.................. 10

Iudiquez des parties composant la texture du tronc. — A quoi servent les feuilles ?........................ 11

Que distingue-t-on dans la fleur ?— Qu'est-ce que le fruit ?.. 12

Indiquez les diverses sortes de racines : — d'après leur structure, — d'après leur durée.................... 13

Comment se propagent les arbres et les plantes ? — Comment se pratique le marcottage ?.................... 14

CHAPITRE II.

Comment le cultivateur doit-il régler sa culture ?........... 15

La connaissance du sol est-elle nécessaire ? — Quelle est ordinairement la composition du sol ? — Quel est le meilleur sol ?........................... 16

Qu'appelle-t-on sous-sol ? — Quand le sous-sol est-il actif ? — Inerte ?............................ id.

Comment reconnait-on les terres argileuses ? — Quel traitement faut-il leur appliquer ?.................... 17

Quelles productions réussissent dans ces sortes de terres ?— Que doit-on faire si le sous-sol est argileux ?............ id.

Quelle influence exercent les terrains argileux sur les animaux ?............................... 18

Quelles sont les qualités et les défauts des terres calcaires ? — Quelle influence ont-elles sur les céréales ? sur les arbres ? sur les animaux ?........................ 19

Comment faut-il amender les terres siliceuses ? Quelles productions leur conviennent ? — Quelle est leur influence sur les animaux ?........................ 20

Qu'appelle-t-on terres de bruyères ? — Comment parvient-on

à les modifier? — Quelles cultures faut-il préférer pour ces terrains?... id.

Qu'est-ce que la tourbe? — Quelles sont les propriétés des terrains tourbeux? — Quelles plantes peut-on y cultiver? 21

Quelle est l'influence de l'eau sur les tissus des végétaux? — Quelle est la valeur des terrains humides? — Comment les cultive-t-on?...................................... 22

Qu'est-ce qu'un terrain frais? — Quelles sont les propriétés et la valeur des terrains frais?........................... 23

Quels sont les inconvénients des terrains secs? — Des terrains très-secs? — Des terrains secs en été et humides en hiver?... 25

Quelle est, après l'humidité, le caractère le plus important pour classer les terrains cultivables? — Quels sont les inconvénients des terres fortes?........................... 24

Indiquez les avantages des terres de consistance moyenne... 27

Dites quelles sont les propriétés des terres légères......... 28

A quoi servent les amendements? — Quelles sont les différentes sortes d'amendements?.............................. 30

Qu'entend-t-on par l'écobuage?........................... 31

Comparez l'écobuage avec le défrichement à la charrue.... 32

Quelle est l'influence des fumiers sur la culture? — Quels soins faut-il donner aux fumiers?..................... 33

Quelle est votre opinion sur l'emploi des fumiers?.......... 34

Sur l'engrais humain? — Sur les fumiers de ville?......... 36

Indiquez divers composts................................ 38

CHAPITRE III.

Quel est l'état de la production dans la région glaciale? — Dans la région froide?.............................. 39

Dans la région froide tempérée?.......................... 41

Dans la région tempérée humide?......................... 42

Dans la région tempérée mixte?........................... 43

Dans la région tempérée sèche?........................... 44

Dans la région chaude tempérée?......................... 45

Dans la région chaude? — Torride? — Des montagnes?..... 48

Quelle influence exerce l'atmosphère sur les végétaux?..... 50

Comment peut-on abriter les terrains?..................... 51

Quelle exposition convient mieux à l'homme? — Quelles sont les meilleures clôtures?.............................. 52

Connaissez-vous quelques indications pour présager de la pluie ou du beau temps?............................. 53

En quoi consiste le drainage? — Quels sont ses avantages?. 57

Comment dispose-t-on les drains? — Quels sont les instruments nécessaires au draineur?....................... 58

...tend-on par irrigations ?............................ 59

...sont les différents modes d'irrigation ?............... 60

...t-ce qu'une bêche ? — une pioche ? — une charrue ?... 63

...nez une charrue et indiquez les différentes pièces qui la

...composent................................. 64

...est-ce que le buttoir ? — l'extirpateur ?............... 65

...scarificateur ? — La Houe à cheval? — La Herse ?— Les

...rouleaux ?................................. 66

...nez un semoir

— une moissonneuse.

...quoi se compose une construction rurale ? — Donnez les

...conditions dans lesquelles doit se trouver une bonne écurie. 67

...bergeries. — Les porcheries................. 70

...poulaillers. — Les granges................. 71

...comment se fait une meule?................. 72

...doit-on construire les greniers à blé ? — les greniers à

...fourrages ? —Comment se construisent les silos?........ 73

...ment doit se construire une laiterie?................. 74

CHAPITRE VI.

...savez-vous sur le système pastoral?................. 75

...la culture mixte ?........................ 77

...entend-on par système arable ?.................... 70

...système céréal et fourrager?.................... 79

...sont les avantages et les inconvénients du système des

...pâturages ?............................. 81

...système maraîcher ?........................ 82

...est-ce que l'économie rurale ?.................... 84

...entend-on par grande culture? — par moyenne culture? —

...la petite culture ?........................ 85

CHAPITRE VII.

...appelle-t-on assolements ?.................... 90

...elle différence existe-t-il entre l'assolement triennal et la

...culture alterne ?

...doit-on considérer pour établir un assolement?....... 94

...t-il faire produire à la terre les mêmes végétaux plusieurs

...années de suite ?........................ 95

...diquez des assolements : — de 3, 4, 5, 6, 7, 8 ans........ 96

...Donnez un assolement avec plantes commerciales, — avec

...sainfoin, — avec luzerne.................... 97

...comment assoleriez-vous une surface de 23 hectares ? for-

...mez un tableau d'assolement.................... 98

...entend-on par *modes de faire valoir* ?............... 100

...comment comprenez-vous le *faire-valoir direct* ?.......... 105

Qu'est-ce que le faire valoir par *régisseur ou Maître-Valet* ?. 106
En quoi consiste le *Fermage* ? — Quels sont les différents baūx en usage pour les fermiers ?............................... 109
Quels sont les inconvénients du fermage?............... 114
En quoi consiste le métayage ?....................... 115
Quelle était l'opinion de M. de Gasparin sur le métayage ?.. 118

CHAPITRE VIII.

Qu'entend-on par céréales ?............................. 120
Quels sont les meilleurs froments ? Quelle est la moyenne de rendement par hectare ?............................. 121
Quelles sont les différentes variétés du seigle ? — Quel est son rendement ? — Qu'appelle-t-on méteil?................. 122
Vaut-il mieux attendre la complète maturité des céréales pour les couper ? A quoi sert l'orge ? — Quel est son rendement ? — Que savez-vous sur l'avoine ?................. 123
La culture du maïs est-elle avantageuse ?.— A quelle époque de l'année se fait la récolte ?......................... 124
Que savez-vous sur le sarrazin? — le millet? — le sorgho? — Qu'appelle-t-on légumes secs ? — Quelles sont les variétés de haricots ?..................................... 125
Quel est le rendement des fèves? — des pois? — Comment les cultive-t-on? — Où cultive-t-on les lentilles ?........... 126
Quelles sont les plantes oléagineuses cultivées en France ? — Que savez-vous sur la culture du colza ? — De la navette ? — Du pavot?.................................... 127
Qu'est-ce qu'une plante textile? — Comment se cultive le lin ? — Qu'est-ce que le rouissage et le broyage ?........ 128
Comment cultive-t-on le chanvre ?..................... 129
A quoi sert la garance et quelle est sa culture?........... 130
Que savez-vous sur la culture et l'usage du pastel? — de la gaule? — du safran?........................... 131
Que savez-vous sur le tabac ?........................ 132
Quel est son rendement: en France? — Dans les pays ou la culture est libre ?-- Comment peut-on garantir cette plante des limaces?................................. 133
Comment cultive-t-on le houblon? — Quand récolte-t-on les fleurs?—Quel en est le rendement ? — Que savez-vous sur la cardère?..................................... 134
Quelles sont les variétés de la vigne ? —Quels sont les produits principaux des vignobles français ?............... 135
Où cultive-t-on le pommier? — Quelles sont les différentes variétés de pommes? — Que savez-vous sur l'olivier?.... 136
Combien y a t-il d'espèces de mûriers? —Qu'appelle-t-on magnaneries? — Que savez-vous sur l'éducation du ver à soie ?..................................... 137

Qu'entend-on par fourrages naturels? — par fourrages artificiels? — Quelles sont les meilleures prairies?............ 138
Quelles sont les plantes qui végètent dans les prairies naturelles ?.. 139
Qn'est-ce que le regain ? — Qu'est ce qu'un paturage perma-
nent? Qu'elles sont les plantes que l'on cultive dans les prairies artificielles ?.................................... 130
Que savez-vous sur la luzerne ? — La minette? — le sainfoin ? — la spergule? — la chicorée sauvage?.......... 141
Quelles sont les différentes espèces de trèfle? — Comment se
cultive le chou?....................................... 142
Quelles sont les différentes sortes de pommes de terre?..... 143
Comment cultive-t-on la pomme de terre?................ 144
Quelles sont les différentes espèces de betteraves ? — Comment utilise-t-on les résidus de la betterave?— Que savez-
vous sur la culture du topinambour.................... 145
Quelles sont les terres qui conviennent aux navets?—Quelles
sont les meilleures espèces de navets?.................. 146

CHAPITRE IX.

Quelles précautions doit-on prendre pour conserver les grains?
— Pour détruire les charançons?...................... 147
Comment se conservent les pommes de terre? — les choux?
— Indiquez un remède contre l'oïdium de la vigne. —
Quelles sont les plantes nuisibles aux prairies?.......... 148
La taupe est-elle nuisible à l'agriculture ? — Citez les insectes
nuisibles?— Quels sont les oiseaux que l'on peut détruire?
— Quels sont ceux que l'on doit respecter?.............. 149
A quelle époque et comment se font les semailles ? — Qu'est-
ce que le chaulage et le sulfatage? — Comment doit-on
semer?.. 150
Quelles sont les plantes qui peuvent se transplanter?...... 151
Qu'est-ce que la moisson ? comment se fait la moisson?...... 152
Y a-t-il avantage à battre le blé avec la *moissonneuse*?...... 153
En quoi consiste la fenaison ? — Indiquez la quantité de tra-
vail que l'on peut faire dans les champs en un jour de dix
heures.. 154

CHAPITRE X.

Qu'appelle-t-on bétail ? — Comment divise-t-on le bétail?... 156
Dites ce que vous savez sur le cheval, — sur son usage. —
Quelles sont les contrées de la France d'où nous viennent
les meilleurs chevaux?................................. 158
Comment se divise le corps du cheval? — quel aspect doit pré-
senter la tête d'un bon cheval? — l'encolure ? — la poi-

trine? — le garrot ? — la queue? — les membres postérieurs?.. 160
Comment doit-on nourrir un cheval? — Quelle nourriture
faut-il donner au poulain ?.................................... 161
Quels sont les vices redhibitoires ? — Que savez-vous sur
l'âne ?.. 162
Qu'est-ce qu'un mulet?... 165
Que savez vous sur le bœuf? Quelles sont les différentes races
bovines françaises?.. 167
Quelles sont les règles à suivre pour former un bœuf de tra-
vail ? — pour former un animal de boucherie ?.............. 169
Donnez une règle à suivre pour les 3 premières années de l'é-
levage.. 170
Quels remèdes faut-il employer contre l'enfle ? — contre les
plaies ?... 171
Que doit-on faire pour guérir les entorses ? — la foulure ? —
les coliques ? — l'indigestion ? — la gale ?................. 172
Y a t-il un remède contre la morve, le farcin, le typhus, la petite vérole et la cocotte?...................................... 173
Combien faut-il de regain pour remplacer le foin naturel ? —
*Même question pour toutes les autres plantes fourragères du
tableau des équivalents*.. 174
1º Problème : Un cultivateur nourrit ses bestiaux avec 1000
kilog. de foin, prairies naturelles, — quelle quantité de
pommes-de-terre devra-t-il employer pour remplacer 500
kilog. de foin qu'il veut retrancher ?......................
2º Est-il plus économique de donner de l'avoine à un cheval
que de lui donner du sarrazin?................................ 177
Que savez-vous sur le mouton?................................. 174
Comment faut-il pratiquer le parcage ? — Quelles sont les
meilleures races ovines? — Comment divise-t-on le mouton par rapport à la laine?.................................... 178
Donnez une description de la chèvre ?.......................... 179
Quelles doivent être les formes d'un bon porc — Quelles sont
les contrées de la France où l'on élève les porcs? Comment les nourrit-on ?.. 180
Quelle nourriture faut-il donner au porc ?..................... 181
Comment conserve-t-on la viande du porc ? — Que savez vous
sur l'élevage du lapin. 182
De quoi se nourrit le lapin ? — Quels sont les animaux de
basse-cour ?.. 183
Que savez-vous sur l'éducation de la poule ? — de la dinde ?
— du canard ? — du pigeon ?................................. 184
Comment élève-t-on les abeilles ?.............................. 185
Quelles précautions faut-il prendre pour conserver les *essaims ?* — Comment se fait le *partage* des abeilles ?...... 186

CHAPITRE XI.

Qu'est-ce que la comptabilité? — Combien y a-t-il de méthodes?... 188

Quels avantages offrent la tenue des livres en partie double sur la partie simple ?................................. 189

Quels sont les livres employés pour la comptabilité ? — Quel est l'usage du livre des inventaires ?................ 190

Comment tient-on le livre de caisse ? — le mémorial ? — le journal ? — Qu'est-ce que débiter un compte ? — Qu'est-ce que le créditer?.. 191

Quel est le principe fondamental de la tenue des livres en partie double ? — Quelle est la fonction des comptes généraux ?... 192

Comment se tient le grand livre? — le livre de traites ? — le livre d'échéances?— Qu'est-ce que le commerce?—Quels sont les actes qui constituent le commerce?............ 193

Quelles sont les fonctions des *agents* de change? — des courtiers ?— Combien distingue-t-on de sociétés commerciales? — Qu'est-ce qu'une société en nom collectif? — en commandite ? — la société anonyme ?......................... 194

Qu'est-ce que les tribunaux de commerce ? — les bourses de commerce ? — Qu'entend-on par effets de commerce? — Donnez un modèle d'une lettre de change................. 195

Qu'est-ce que l'endossement? — l'aval? — le billet à ordre ? — le mandat ?.. 196

Qu'est-ce qu'un chèque ? — une lettre de voiture ?......... 197

Qu'appelle-t-on connaissement? — Comment se calcule l'escompte?... 198

Trouvez l'escompte d'un billet de 400 fr. à 6 °/° pendant 8 mois ?... 199

Qu'entend-on par acquit? — Achat ? — Agio ? — Agiotage ?.. 200

Qu'appelle-t-on apurement? — Arrhes ? — Echange? — Encaissement ? — Cote? — Dividende? — Exécution ? — Négociation? — Ouverture de crédit? Prélèvement? — Réglement ? — Renouvellement ? — Report ?............... id.

Qu'est-ce qu'un redressement ? — un remboursement? — une vente? — un virement ? — un versement ?......... 201

Donnez un modèle d'un livre d'inventaires pour une exploitation agricole....................................... 202

Expliquez le mécanisme de la tenue des livres en partie double appliquée à l'agriculture, par quelques articles que vous porterez au journal au grand livre et au livre de caisse.... 203

CHAPITRE XII.

Comment divise-t-on la France agricole ?— Quelles sont les
productions de ces différentes régions? 210
Quels sont les débouchés principaux des produits de l'Agricul-
ture ? —Dans quelles régions expédie-t-on la laine des mou-
tons ? — la soie ? — les olives? — les céréales ? 212
Où fabrique-t-on les meilleurs fromages ?— Quelles sont les
productions importées par la France ? 213
Quels sont les produits faisant l'objet de l'exportation ? —
Qu'appelle-t-on voies de communication? 214
Quelles sont les principales compagnies de chemin de fer?
— Donnez le parcours du réseau du nord, — de l'Est?.... 215
De l'Ouest? — de l'Orléans?.......................... 216
De Paris-Lyon-Méditerranée ? — du midi ?............... 217
Qu'est-ce qu'un canal. — Qu'appelle-t-on bassin d'un fleuve ? —
En combien de bassins se divise la France ? — Indiquez les
principaux canaux de la France ? 218

FIN.

Imprimerie DAMELET, à Lons-le-Saunier (Jura.).